KB215446

어떤 날

4

travel mook

어떤 날 4

초판 1쇄 인쇄 | 2013년 11월 11일
초판 1쇄 발행 | 2013년 11월 18일

글, 사진 | 강윤정 김민채 김소연 김혜나
박연준 성미정 신해욱 오지은
요 조 위서현 이대범 이우성
이제니 장연정 정성일 정혜윤
최상희

펴낸이, 편집인 | 윤동희

편집 | 김민채 임국화 홍성범
디자인 | 이진아
종이 | 매직 패브릭 아이보리 220g(표지)
백색 모조 150g(띠지)
그린라이트 80g(본문)
마케팅 | 한민아 정진아
온라인 마케팅 | 김희숙 김상만 이원주 한수진
제작 | 강신은 김애진 김동욱 임현식
제작처 | 영신사

펴낸곳 | (주) 북노마드
출판등록 | 2011년 12월 28일 제406-2011-000152호

주소 | 413-120 경기도 파주시 회동길 216
문의 | 031.955.8886(마케팅)
031.955.2646(편집)
031.955.8855(팩스)
전자우편 | booknomadbooks@gmail.com
트위터 | @booknomadbooks
페이스북 | www.facebook.com/booknomad

ISBN | 978-89-97835-37-9 04980
978-89-97835-15-7 (세트)

북노마드는 (주) 문학동네의 계열사입니다.

○ 이 책의 국립중앙도서관 출판시도서목록(CIP)은
e-CIP 홈페이지(www.nl.go.kr/cip.php)에서 이용하실 수 있습니다.
(CIP 제어번호: CIP 2013022519)

○ [어떤 날]은 북노마드가 비정기적으로 발행하는 '소규모 여행 무크지'입니다.

어떤 날

4

travel mook

'여행, 그곳'에 관한 애틋한 상상

북노마드

prologue

사람을 만나러 간다.

더 만날 것도 없는 사람이 더 만날 것도 없는 사람을 만나러 간다.

– 김언 「사람을 만나러 간다」 중에서

contents

'여행, 그곳'에 관한 애틋한 상상

이제는 없는, 이 아래 묻힌

글, 사진 | 강윤정

"이 묘지의 지도예요. 여기엔 유명한 사람들이 많지요."

구석구석을 쓸던 묘지기 할아버지가 다가와 내민 종이는 묘지 조감도였다. 묘지 몇 군데엔 번호가 붙어 있었고 뒷장엔 깨알같이 작은 글자로 번호에 해당하는 인명이 적혀 있었다. 마르그리트 뒤라스, 기 드 모파상, 샤를 보들레르, 사무엘 베케트, 외젠 이오네스코, 장 폴 사르트르, 시몬 드 보부아르…… 불어로 표기된 인명을 더듬더듬 읽어갈수록 묘하게 두근거렸다.

9월의 파리, 이제 막 빛이 들기 시작한 이른 아침의 몽파르나스 묘지엔 인적이 드물었다. 공원처럼 조성된 이 묘지가 지름길이라도 되는지 익숙하게 관통해 지나가는 사람 몇몇이 전부였다. 우리는 한가로이 산책을 하며 지도에 표시된 묘지를 찾아보기로 했다. 너는 묘지 산책을 좋아하는 나에게 시간을 충분히 주고 싶어했다.

'묘지 산책'. 한국에서 때마다 찾아가는 묘지를 떠올리면 쉽게 상상이 되지 않는다. 깊은 산속에 마련된 기복祈福의 장소. 잠깐 절을 하고, 기름진 명절 음식을 나누어 먹는 곳. 같은 모양의 비석과 봉분. 저마다의 사연은 그 아래 묻히고 반듯함만 남은 곳. 마음이 무거워지는 곳. 어려서 본 〈전설의 고향〉 탓일까. 낮엔 형식적으로 손님(정확히는 '가족'이겠지만)을 맞고 밤엔 혼령들이 하나둘 기어나와 헛헛한 얼굴로 담소라도 나눌 것 같다. 그 외에 내가 아는 묘지는 일본과 프랑스의 몇몇 공동묘지가 전부이다. 그치만 우연

히 만난 이 곳곳에서 느낀 편안함은 가히 놀라운 것이었으며, 그 덕에 내 여행길에는 '묘지 산책'이라는 새로운 즐거움이, 내겐 '묘지 산책을 좋아하는 사람'이라는 자발적 꼬리표가 붙었다.

아는 이 하나 묻히지 않은 이국의 묘지가 좋아진 데는, 그곳이 도심 한가운데 있다는 이유가 컸다. 대개 인적이 드물었다는 점도. 딱히 번잡하지 않더라도 '산 사람'들이 뿜어내는 생기와 열기 속을 걷다가 '죽은 사람'들이 품은 고요와 적막을 만나면 그렇게 마음 편할 수가 없었다. 마치 나는 '산 사람'이 아닌 양.
묘지를 걷다보면 별일 없이 살고 있다고, 나는 무탈하다고 생각했던 그간의 시간이 사실은 제법 피로했다는 생각도 문득 차올랐다. 머릿속을 채운 숱한 상념들, 영양가 없는 존재론적 물음, 지난 일, 사람, 시간, 그 모두가 합세해 내 안에 똬리를 틀고, 당면한 현실을 집어삼켰으며 덕분에 나는 불면에 시달렸다. 여길 좀 봐. 고요와 부재의 세계. 시간이 옷자락을 끌고 옆으로 바짝 다가와 앉아 말한다. 응결된 시간은 거스를 수 없으니 가장 낮은 곳을 흐르는 그 마음을 말하지 마. 아무 일이 없어도 하루하루는 힘들어 그리고 행복하지. 잊지 마, 언젠가 끝날 거야. 그것은 큰 위로가 되었다.

후아~ 크게 심호흡을 하는데 떠오르는 장면.

그날 언니는 도톰한 스웨터를 입고 있었다. 깊은 밤바다색 소매 끝으로 나온 하얗고 작은 손. 귤 한 개를 반으로 쪼개던 모습. 그 절반을 내게 건넸다. 나는 배가 부르다며 받지 않았다. 그게 마지막이었다. 언니가 떠오를 때면 늘 이 장면부터다.

사고가 난 곳은 나도 매일매일 다니는 길이었다. 근처 편의점에서 알로에 요거트를 사곤 했다. 자정이 넘은 시각, 언니는 아르바이트를 마치고 자전거로 집에 돌아가는 중이었다. 집에서 5분 거리의 도로에서 언니는 파란 신호에 맞추어 횡단보도를 건너고 있었고, 만취한 운전자가 과속으로 몰던 트럭이 언니를 그대로 치고 달아났다. 유난히도 추웠던 그 밤, 인근 주민들이 담요를 가지고 나와 도로에 널브러져 있는 언니를 덮어주었다고 한다.

이튿날 언니의 부모님이 오셨고, 약물에 의지했던 언니의 심장은 부모님 동의하에 멎었다. 나는 그때껏 장례식장이라곤 가본 적이 없었다. 일본에서, 그것도 석 달 넘게 같이 산 룸메이트의 장례식이 첫번째가 되리라고는 상상도 못했다. 일본식으로 치러진 장례식. 조문객은 언니의 얼굴死に顔을 볼 수 있었다. 하얀 관 속에 누워 있던 언니의 얼굴은 못 알아볼 정도였다. 트럭에 치여서 상처가 매우 심했고, 장례식 때문에 성형에 짙은 화장까지 한 상태였던 터라 거기에 누워 있는 사람은 내가 알던 사람이 아니었다. 그 앞에 무릎을

굶은 나는 맨발이었다. 아무도 그걸 나무라지 않았다.
언니의 관은 화장터로 들어갔다. 비가 제법 쏟아졌고, 나는 울었다. 두어 시간쯤 지나자 언니는 회백색 뼈가 되어 나왔다. 기다란 젓가락으로 뼈를 하나씩 집어 둥그런 단지 속에 넣었다. 그것은 일본에서도 가족 이외의 사람들은 하지 않는 작업이었지만, 타국에서의 장례식은 지나치게 조촐했고, 나는 언니가 이곳에서 보낸 시간 내내 함께한 사람이었으므로 당연하게 그 작업을 함께했다.

7년 전 일이다. 내가 겪은 첫번째 죽음.
이렇게 불쑥 언니가 떠오를 때면 머릿속이 깜깜해진다. 화도 난다. 도무지 이해할 수 없다. 언니의 이름이 기억나지 않다니. 그때 난 분명히 엄청난 충격에 휩싸였었다. 자고 일어나면 볼이 발갛게 얼어 있던 그 방, 타국에 덩그러니 남아 말로 표현하기 어려운 고독 속에 빠져 있었다. 곁에 있던, 매일 만나던 사람이 한순간에 사라진 걸 받아들이기 힘들었다. 말 그대로 힘이 들었다. 그런데 어쩜 이럴까. 얼굴은 어렴풋하다. 내가 알던 언니의 얼굴과, 관 속에 누워 있던 딴판인 얼굴이 묘하게 섞여 이도저도 아니긴 하지만.
어쩜 이럴까. 이제 나는 아무렇지도 않다. 담담한 척하는 건 어렵지 않지만 담담해져가는 것을 인정하는 것은 쉽지 않다. 이렇게 또 불쑥 떠오를 것이다. 상처로 남아 있을 것이다. 거기에도 계절이 있고 시간이 있을까…….

문득 정신이 든다. 씁쓸한 마음을 간신히 밀어넣는다. 시간이 아무리 흘러도 기억나지 않을 이름, 그림자처럼 뒤따를 죄책감, 내가 살아 있는 동안 언니는 죽어 있으리라는 기묘한 감각, 풀지 못한 숙제처럼 남아 있을 것이다. 내 몫이고, 지금 여기서 너에게 들키고 싶진 않다. 그렇게 또 한번 언니를 버려둔다.

지도를 보며 앞서 걷는 너를 종종걸음으로 뒤따른다. 사흘 전 들렀던 니스의 이름 모를 묘지, 이틀 전 들렀던 생폴드방스의 묘지와 크게 다르지 않았다. 몇백 년에 걸쳐 몇 대가 함께 묻힌 묘지들, 제각각인 묘비들, 조각상에 낀 이끼, 경박한 빨강주황 색깔의 조화造花. 보물찾기하듯 눈을 크게 뜨고 주위를 살폈다. 여기 있다, 하고 처음 발견한 곳은 수전 손택의 묘지. 검고 긴 직사각형의 묘지는 먼지로 온통 뒤덮여 있었다. 한동안 누구도 찾지 않은 것 같았다. 그간 읽은 그녀의 책 몇 권을 차례로 떠올려보았다. 힘 있는 문장과 통찰력, 냉철함. 마지막 연인인 애니 레보비츠의 삶을 다룬 다큐영화에서 본 그녀의 표정, 깜박이는 눈꺼풀 속 강렬한 시선. 이제는 없는, 이 아래 묻힌.
진 세버그의 묘지는 눈에 띄게 화려하고 요란했다. 그녀를 사랑하고 추억하는 사람들도 그녀를 닮았나보다. "내 곁에 잠든 이 사내는 내 욕구는 너무 잘 알아도 내 욕망은 알지 못해……" 연인이었던 로맹 가리에게, 혹은 자신이 평생 투신한 영화를 향해 남겼을

말 한마디가 떠오른다. 뜨겁고 가여운 인생도 이 아래 있다. 대조적이었던 두 여인의 묘.

사르트르와 보부아르가 함께 묻힌 묘지. 그 앞에 선 우리는 한동안 말이 없었다. 서로의 권리와 자유를 존중하며 평생 결혼하지 않은 채 관계를 유지한 그들이었다. 그 안에 있었을 크고 작은 갈등과 사회적 시선, 지성인으로서의 위치, 그 모든 것을 떠나 인간적으로 느꼈을 수많은 감정들이 어떤 것이었을지 속속들이 알진 못한다. 사르트르가 먼저 세상을 떠난 뒤 보부아르는 "그의 죽음은 우리를 갈라놓았다. 나의 죽음이 우리를 다시 만나게 하지는 않을 것이다"라고도 말했다. 그렇지만 삶과 사상의 동반자가 되어 그 안에서 행했던 다양한 시도와 실험들…… 그것이 설사 행복과는 거리가 먼 것이었다 해도 분명 내게 큰 울림으로 남았다. 자신들의 관계를 사회와 제도 속에 어떻게 자리매김할지 주체적으로 정하고자 했던 그 태도란! 그런 그들이 (끝내) 함께 묻힌, 그들의 '끝'을 눈앞에 두고 있자니 마음 깊은 곳에서 미묘한 파도가 일었다.
만 레이 부부의 묘는 우연히 발견했다. 묘비에 새겨진 부부의 사진이 눈길을 끌었다. 먼저 세상을 떠난 만 레이의 묘비가 왼쪽에, 그 묘비에 unconcerned, but not indifferent('참여는 하지 않았지만 무관심하지 않았다' 이 비문만큼 그의 삶과 예술관을 잘 드러낸 말이 또 있을까)를 새긴 아내 줄리엣의 묘비가 오른쪽에 나란히 붙

JULIET MAN RAY
TOGETHER AGAIN

Jean
SEBERG

MARGUERITE DURAS

어 서 있었다. 만 레이가 세상을 떠나고 15년이 지나 그 뒤를 따른 아내의 묘비명은, 이제 막 결혼한 너와 내가 그냥 지나치기 어려운 것이었다.

together again

이제 시작인 우리에게 '다음 생에도 또다시'란 멀게만 느껴졌다. 첫눈을 함께 보자는 고백보다 마지막 눈을 함께 보자는 약속이 훨씬 더 무겁다는 것도 이제 막 알게 된 우리였다. 손이 따뜻한 너와 함께 오지 않았다면 함께 묻힌 두 연인의 묘를 신중히 들여다보지 않았을지도 모를 일. 앞서 본 두 여인의 묘에서 쓸쓸함 따위 느끼지 않았을지도 모를 일. 혼자로 충분하다 생각했던 삶에서 이렇게 멀어지고 있다. 너와 나의 삶은 어떻게 끝날까. 죽음 앞에서 돌아볼 우리의 삶은 어떨까.

만약 우리가 영원히 살 수 있다면 큰 기대도 설렘도 소망도 없을 것이다. 너무 늦었다는 후회와 돌이킬 수 없다는 미련도. 어찌할 수 없는 그리움도. 소중한 것의 목록도 훨씬 짧을 것이다. 어쩌면 죽음은 삶을 위해 존재하는 것. 현재에 아름다움과 두려움을 부여하는 것은 죽음이며, 시간은 죽음을 통해서만 살아 있는 시간이 되는 것. 최근에 만든 김화영 선생님의 여행 에세이 『여름의 묘약』에도 비슷한 대목이 있었다. "반어적으로 말하건대 죽음이 없다면 삶은 얼마나 지루할 것인가. '그래도 부조리를 이야기하다보면 우리는 또다시 햇빛으로 돌아오게 될 것이다'라고 카뮈가 말했듯이 죽음을 이야기하다보면 우리는 또다시 삶의 기쁨으로 돌아오게 된다." 어째서 신은, 견딜 수 없는 단조로움을 의미하는 '무한'으로 우리를 위협하는지. 어떤 식으로든 죽음을 앞둔, 매일매일 죽음을 향해가는 우리에겐 현재가 아름답다. 함께 그린 밑그림을 다 칠하지 못한 채 죽고야 말 우리에겐 현재가 새삼 두렵고, 한편으론 벅차게 기대된다.

묘지 한구석에 앉아 눈앞에 선 나무를 찬찬히 관찰했다. 땅속 깊이 뿌리내린 나무, 그 뿌리와 닿아 있거나 얽혀 있을 관, 그 안의 죽은 몸들. 시간이 흐르고 모두 하나가 되는 그림을 떠올렸다. 나뭇가지의 끝에선 누군가의 인생을 담은 잎이 피어나겠지. 결국 끝이 나고, 자연스러워질 거야. 역시 크나큰 위로가 된다.

강윤정 / 늘 텍스트와 관련된 일을 하고 싶다고 생각했다. 문학동네에서 시와 소설, 평론을 다듬어 책으로 꿰고 있다.

너와 나의 삶은 어떻게 끝날까.

죽음 앞에서 돌아볼 우리의 삶은 어떨까.

다시, 집으로 돌아갈 시간

글, 사진 | 김민채

나는 벌써 그곳의 많은 부분을 잊었는지도 몰라요. 그건 내 여행의 시작이었는데 말이에요. 우리 집에서 차로 몇 시간을 달려야 도착할 수 있었던 그곳. 나는 오빠와 신나게 장난을 치다가도 그곳을 코앞에 남겨두면 차창을 열어 파란 논과 바람을 마주했어요. 낡은 대문 앞에 할머니는 서 있어요. 차 소리가 가까워지면 할머니는 늘 그렇게 자리를 박차고 나와 우리를 반겼어요. "아가 왔니?" 하는 목소리가 들리면 나는 그제야 시골집에 도착했음을 작은 마음에 외쳐요. "도착했어!"

그 여행의 시작은 대문이다. 그것을 걸어 넘는 데에 꽤나 큰 용기가 필요하기 때문이었다. 나는 어렸고 작았다. 다리도 짧았다. 내가 기억하는 최초의 대문은 초록색이다. 처음부터 그런 색이었는지 아니면 칠이 벗겨져 새로 칠을 한 것이 초록이었는지 알 수 없다. 어쩌면 그건 내가 알지 못하는 영역의 취향이었는지도 모른다. 할머니의 취향. 대문 옆 기둥에는 작은 우편함이 달려 있는데, 그 함에 매직으로 써둔 이름을 보고서야 할머니의 이름을 알았다. 할머니에게 이름이 있는 건 당연한 일이었는데, 할머니는 '할머니' 하고 부르면 되는 존재였기에 내게 할머니의 이름은 할머니였다. 돌이켜보면 그 우편함에 눈높이가 닿았던 때라면 나는 이미 꽤 커버린 뒤였을 테고, 나는 꽤 오랜 시간 동안 할머니의 이름을 몰랐던 것이었다.

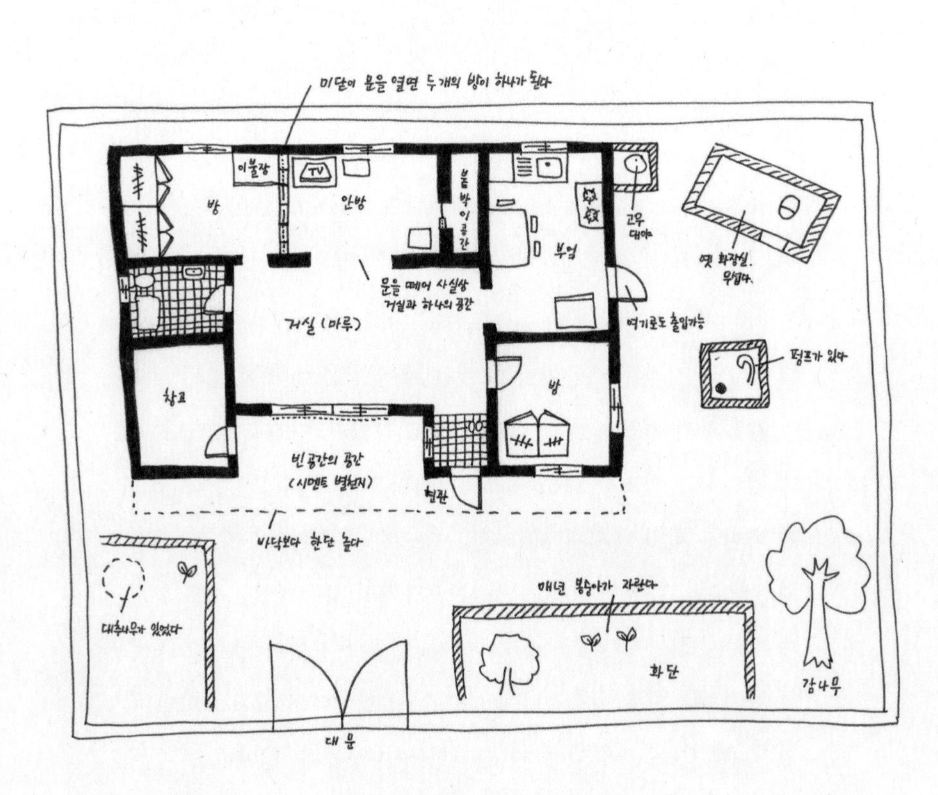

미닫이 문을 열면 두 개의 방이 하나가 된다
이불장
TV
방
안방
붙박이 공간
부엌
고무 대야
옛 화장실. 무섭다.
문을 떼어 사실상 거실과 하나의 공간
거실 (마루)
여기로도 출입가능
펌프가 있다
창고
방
빈 공간의 공간 (시멘트 별천지)
현관
바닥보다 한 단 높다
대추나무가 있었다
매년 봉숭아가 자란다
화단
감나무
대문

작게 호흡을 고르고 한 발을 들어올린다. 어린 나에겐 대문 난간이 높다. 어렵사리 한 발을 넘긴 뒤에 무게중심을 그쪽 발로 옮긴다. 갸우뚱. 조심해야 하는 건 그때다. 넘어지지 않고 다른 한쪽 발을 넘기면 마침내 집으로 들어선다. 마당은 '마당'이라는 단어가 주는 느낌만큼 낭만적인 풍경은 아니다. 회색 시멘트로 마당 전부를 덮었다. 담도 그런 시멘트 담이었다. 그래도 마당인지라 몇 그루의 나무도 있고 화단도 있다. 화단에선 해마다 봉숭아가 자랐는데 그 무렵에 시골집에 가면 할머니는 까만 비닐봉지를 정성스레 잘라 봉숭아를 빻아 올린 손톱을 감아주었다. 손가락마다 하얀 실을 묶어주면 나는 주홍빛으로 물들어 있을 내일의 손을 상상하다 잠이 들곤 했다. 무디지만 정성스런 할머니의 손길.

마당 오른편으로 가면 지하수를 길어 올리는 펌프가 있다. 펌프질을 할 때면 기익-기익거리는 소리가 났는데, 집 안에 있을 때 밖에서 그 소리가 들려오면 누가 물을 쓰고 있는지 궁금해져 마당으로 뛰어나가기도 한다. 할머니가 시리도록 차가운 물로 오빠의 등에 물을 끼얹던 것이 대부분. 등목을 해주던 혹은 하던 사람이 아빠일 수도 있다. 나는 옆에 쭈그려 앉아 구경을 한다.

재래식 화장실을 옆에 두고 작은 수돗가 같은 것이 또 있는데, 할머니가 빨간 고무대야에 물을 가득 채워두었기에 언제든 손을 씻을 수 있다. 빨간 고무대야에 둥둥 떠 있는 플라스틱 바가지. 언젠가 대야 앞에서 물장난을 치다가, 놀러 나가자는 오빠의 목소리에 바가지를 던지고 뛰어나갔는데 그 바가지가 산산조각이 난 적이 있다. 나는 어렸고 작았고 다리도 짧았고 침묵하는 법도 알았다. 누가 그랬냐는 물음에 나는 입을 다물었다. 나보다 세 살 많고 조금 덜 작고 다리도 좀더 긴 오빠가 늘 나 대신 혼이 났다. 그 많은 꾸중을 대신 들으면서도 오빠는 침묵할 줄 알았다. 손가락을 들어 나를 가리키며 "재가 그랬어." 딱 한마디만 하면 됐는데, 오빠는 그런 적이 없다.

집은 마당보다 한 단 높은 곳에 있다. 현관 옆, 거실 창문 앞, 창고문 앞은 집 안과 집 밖의 중간 지대쯤 되는 이상한 공간이다. 공간과 공간이 만들어낸 빈 공간의 공간. 벽도 창도 지붕도 없는. 시멘트 바닥이 뭐 그리 좋았을까. 밤이 오면 돗자리를 깐다. 시원한 기운이 바닥에서 올라온다. 오빠와 나란히 누워 키득거리며 장난을 친다. 밤이 더 새카맣게 변하면 두 꼬마는 조용해지는데, 머리 위로 별이 쏟아지는 탓이다. 별이 총총하게 박힌 하늘이 있는, 살랑 지나치는 밤바람이 있는, 두 꼬마의 키득거림이 있는 공간. 세상 안과 세상 밖, 그 중간쯤 되는 이상한 공간이다.

수돗가 옆에는 집으로 들어갈 수 있는 부엌문이 있지만, 사실 진

짜 현관문은 따로 있다. 대문과 화단 방향의 현관문을 열고 들어가면 작은 현관이다. 현관에서 방은 또 높이가 있는데, 놀랍게도 그 아래 나무로 된 문을 열면 신발장이다. 현관 왼쪽 창을 열면 아까 그 시멘트 별천지가 보인다. 현관에 놓인 파란 고무 슬리퍼 혹은 보라색 슬리퍼에 발을 쏙 넣고 질질 끌고 다닌다. 할머니의 고무 슬리퍼에 발을 넣는 건 엄마 구두에 발을 넣어보는 것과는 또 다른 느낌이다. 엄마 구두에 발을 넣어보는 게 어른이 된 나를 갈망하게 했다면, 할머니의 고무 슬리퍼에 발을 넣어보는 건, 그냥 있는 그대로의 순간을 받아들이게 했다. 나는 어렸지만, 슬리퍼에 남아 있는 온기에서 '나이 든다'는 것이 무언지 어렴풋 느꼈는지 모른다.

집에 들어서면 거실로 쓰는 마루에 할머니가 앉아 있다. 할머니 머리칼은 까만데, 할머니 손에 들린 모시는 새하얗다. 모시를 입으로 암- 물어 정돈하는 모습이 신기해 한참 바라본다. 아빠는 시골집에 도착하면 마루에 누워 낮잠을 잔다. 아빠 옆에 누워서 낮잠을 잘 때도 있지만, 시골집 구석구석을 살펴본 날이 더 많았다. 아빠가 놀아주지 않고 낮잠을 자는 게 서운했는데, 요새 나는 자취방을 떠나 부모님이 계신 집에 도착하기만 하면 낮잠을 잔다. 세상에서 가장 속편한 잠. 우리 집에 왔으니까. 나는 낮잠을 자다가 아빠를 이해한다. 거실 창은 아주 큰데 겨울이 아닌 이상 보통

모기장만 남겨두고 열어둔다. 대문에서 누가 들어오는지도 볼 수 있고, 할머니와 아빠는 집 밖으로 나가지도 않고 모기장 너머의 누군가와 대화를 나누기도 한다. 밥도 보통 거실에 상을 두고 먹는다. 동그란 상에 둘러앉아 밥을 먹다보면 할머니는 내게 "짐치도 먹어" 한다. "네?" 하면 또 "짐치, 짐치" 한다. 결국 아빠가 '김치'라고 다시 말해주어야 나는 김치를 먹는다.

현관 옆 방에 대한 기억은 거의 없다. 집의 깊숙한 곳에 있는 두 방은 미닫이문을 열면 하나의 큰 방이 된다. 방에 놓인 물건들은 많지 않다. 텔레비전, 전화기와 선반, 작은 자개 화장대, 옷장, 이불장. 이불장엔 베개가 꽤나 많다. 할머니가 근처 장에 가서 어린 손자 손녀들의 베개를 사주었던 탓이다. 노랑인지 파랑인지 기억나지 않는 강아지 모양 베개를 골랐다. 시골에 가면 날마다 강아지 허리를 베고 잔 셈이다. 시골에 가지 않아도 '내 베개'가 항상 그 이불장 안에 있다고 생각하면 남몰래 든든해진다. 가끔 상상으로 시골집에 가 베개를 꺼내어 베어본다. 할머니는 몇 년 전 시골집을 팔고 고모가 있는 곳으로 이사했고, 강아지 베개는 어떻게 됐는지 모르겠다. '내 베개'가 사라졌다고 생각하면 무섭다. 아찔하니 꼭 현기증이 날 듯하다. 나는 지금도 할머니의 옷장 어딘가에 옛날 내 베개가 들어 있을 거라고 믿는다. 내가 버리지 못했다면 할머니도 버리지 못했길 바라는 이기적인 추억.

엄마는 대개 부엌에 있다. 가족들의 끼니를 챙기는 일이 얼마나 고된 일인지 나는 알지 못했다. 나는 오빠와 근처 도랑을 돌아다니며 개구리를 잡거나 다른 집 강아지를 구경하고, 논길을 따라 갈 수 있는 만큼 멀리까지 걸어갔다 돌아오는 게 대부분이었다. 배가 고플 때야 부엌을 기웃거리면 분주하게 움직이는 엄마가 보였다. 그럴 때면 엄마는 딱 한마디. "위험해, 나가 있어." 부엌은 다른 모든 공간보다 천장이 조금 더 낮은데, 그 낮은 천장이 머리와 가까워질 때 즈음 나는 엄마의 일을 돕고 싶어 부엌을 기웃거리기 시작한다. 엄마 등 뒤에서 서성거리면 엄마는 또 "좁아, 나가 있어" 한다. 엄마의 마음만 받아 들고 군말 없이 나간다. 시골집에선 엄마와 할머니가 차려주는 따순 밥을 배불리 먹고 실컷 놀기만 한다.

시골집 화장실에서 나는 첫 생리를 시작했다. 작고 조용한 화장실이 얼마나 크게 느껴졌는지 모른다. 기다란 직사각형의 그 공간은 자꾸만 길어져, 문이 저 끝으로 밀려난다. 열고 나가기 어려울 만큼. 그러나 나는 이상할 만큼 침착하게 문을 열고 나온다. 집으로 돌아갈 시간이기 때문이다. 아빠는 차를 대문 앞에 세워둔 채 나를 기다리고, 엄마와 오빠는 벌써 차에 타 있다. 내 베개가 들어 있는 이불장을 한번 쳐다보고, 마루를 지나 현관에서 내려와 신을 대충 꿰어 신는다. 마당을 지나 별로 높지도 않은 대문 난간을 한 걸음에 뛰어 넘으면, 당연하게도 나는 시골집 밖에 있다.

할머니는 아픈 무릎을 쥐고 이제 그녀에게 한없이 높아진 대문 난간을 힘들게 넘어 나온다. 큰길까지 따라 나와 우리가 탄 차가 속력을 내기 시작하면 할머니는 손을 흔들기 시작한다. 오빠와 나도 "안녕~" 하며 손을 흔든다. 할머니도 "잘 가~" 하며 손을 흔든다. 자동차 뒷 창으로 몸을 돌려 할머니를 향해 계속 손을 흔들면, 창밖 할머니도 손을 흔들고 있다. 할머니가 작은 점이 되고 마침내 사라질 때까지 계속 손을 흔든다. 할머니 역시 우리가 점이 되어 사라질 때까지 오래오래 손을 흔들었을 거라는 작은 확신. 내가 버리지 못했다면 오빠도 엄마도 아빠도, 할머니도 버리지 못했을 먼 곳의 추억. 다시, 집으로 돌아갈 시간이다.

김민채 / 한양대 국문학과를 졸업했다. 서울을 이루는 각각의 동네마다 숨어 있는 '이야기'를 찾아 『더 서울』이라는 책을 썼다. 북노마드 편집자로 아주 예쁜 시간을 보여주고 싶은 마음을 담아 책을 만들고 있다.

별이 총총하게 박힌 하늘이 있는, 살랑 지나치는 밤바람이 있는,

두 꼬마의 키득거림이 있는 공간.

시장, 사소하게 완벽해지는 장소

글, 사진 | 김소연

시장엘 따라나서면 엄마는 늘 시장 입구 구멍가게에서 초콜릿이나 바나나우유를 사주었다. 시장이 좋아서가 아니라 그런 류의 단 것들을 얻어먹겠다고 나는 시장엘 따라갔다. 정육점 아저씨, 칼 가는 노인, 야채 파는 아줌마, 수선집 아가씨, 순대 파는 할머니, 그 모두는 엄마의 친구들이었다. 엄마는 존댓말에 반말을 섞어가며 그 사람들과 인사를 나누고 안부를 물었다. 서로 등이나 팔을 툭툭 치고 연신 어루만져가면서. 그러다 나를 내밀면 그 사람들은 내 머리를 쓰다듬고 내 뺨을 꼬집어가며 내게 말을 걸었고 먹을 걸 꼭 내 손에 쥐어주었다.

혼자서 내가 시장엘 찾아가게 된 다음부터 그 사람들을 나는 '이모'라고 불렀다. 지금은 망원시장이 된 옛날의 성산시장에는 내가 가장 좋아하던 이모가 있었다. 이모보다는 할머니라고 불러야 했을 그 떡볶이집 이모. 콘크리트로 만든 네모 반듯하고 넓직한 구들은 노릇노릇 구워진 장판으로 덧씌워져 있었는데, 그 의자가 무엇보다 좋았다. 한겨울 그 뜨끈한 구들에 엉덩이를 붙이고 앉아 떡볶이를 먹고 어묵 국물을 호호 부는 일. 빨간 플라스틱 바가지에 담긴 어묵 국물을 얼마든지 리필해서 배부르게 먹는 일. 흐물흐물해진 커다란

파 한 조각 외에는 아무 내용물이 없는, 오로지 떡뿐인 그 떡볶이의 무어라 도저히 요약할 수 없는 그 맛은, 시험이 끝날 때마다 교복을 입고 친구들과 함께 찾아갈 수밖에 없는, 어떤 고유한 중독성이 있었다.

내 머리를 쓰다듬어주던 그 어른들이 어쩌면 나에겐 '또다른' 부모였을는지도 모른다. 두 팔을 뻗어 허벅지를 내어주면 천연덕스레 그 품에 가서 앉았고, 그들이 챙겨주던 떡이나 찐 옥수수 같은 것을 당연한 것처럼 받아먹으며 좋아했다. 그들의 친절이 전혀 어색하지 않고 반갑다는 사실, 잠시나마 그들 곁에 있을 때에 야릇하게 푸근했던 사실. 이런 식의 반가움과 푸근함을 누구나 당연한 것으로 여기는 곳이 시장이라는 생각을 하다보면, 길에서 부모를 만나는 일, 그런 일을 겪는 장소가 '시장'이라고 나는 생각한다. 떡볶이를 얻어먹고 식혜를 얻어먹고 종이봉투에 넣어 건네준 붕어빵과 군고구마 같은 것을 들고 집으로 돌아가는 발걸음은, 친정집에 들러 엄마의 냉장고에서 밑반찬을 털어 자기 집으로 향하는 철없는 딸과 꽤나 많이 닮지 않았는가.

사진 / 김민채

루앙프라방은 해질 무렵이 되면 도시 자체가 야시장으로 변신한다. 밤새 손수 만든 수공예품들을 잔뜩 짊어지고 내려온 고산족들이 좌판을 벌인다. 도시의 사람들과 여행자들은 좌판을 누비며 쇼핑을 한다. 라오스 특유의 패턴으로 만든 침대보나 이불보 같은 것을 사고 싶지만 부피가 너무 커서 단념을 하고서 손톱만한 핀 액세서리를 몇 가지 챙긴다. 세 개 정도를 사면 그들은 서너 개를 덤으로 얹어준다. 팔려는 것인지 거저 주려는 것인지, 그들의 인심이 걱정스러울 정도다. 거스름돈을 받지 않겠다고 나는 앙탈을 부려야 하고 그들은 끝끝내 거스름돈을 내 손에 쥐어주고야 만다. 수백 개의 가게들이 즐비한 그곳을 찬찬히 둘러보는 것이 어느덧 저녁나절의 정해진 일과가 되어간다. 적당히 출출해지고 다리가 조금 아프다 싶을 때에, 길거리 식당에 의자 하나를 차지해 앉아서, 요기를 한다. 밤참으로 먹을 빵을 사들고 숙소로 돌아가곤 하던 어느 날, 유별스러운 얼굴의 할머니 한 분을 발견한다. 팔다리가 기형적으로 유난히 긴, 괴물 같은 인형을 열심히 만들고 있다. 그 앞에 쪼그리고 앉아 바늘이 드나드는 인형의 몸통을 나는 구경한다. 인형들은 모두 머리가 두 개다. 뒷통수에도 얼굴이 있든가, 아니면 어깨 위에 머리가 두 개든가, 아니면 발 아래에 머리가 또하나 더 있든가. 엽기적인 할머니의 엽기적인 작품들에 호기심이 생겨 이게 뭐냐고 묻고야 만다. 빙그레 웃는 할머니는 가게 간판을 가리킨다. '투 피플'. 고개를 끄덕이자, 이 인형은 곧 너의 모습이고 그리고 나의 모습이라고, 그 모습을 형상화한 것이라고, 순전히 내 아이디어라고 할머니는 고집스럽고도 자신감이 넘쳐나는 예술가처럼 말해준다. 주장에 가까운, 단호한 어조로, 인형을 흔들어가며 내 어깨를 툭툭 쳐가며, 뭐라뭐라 길고 길게 얘기를 했지만 안타깝게도 라오스 말이고 나는 한 마디도 알아들을 수 없다. 그렇지만 어쩐지 잘 알아들은 것 같다. 후원할 수 있는 라오스 예술가를 발견했단 기쁨으로, 두 가지의 투 피플을 사들고 숙소로 돌아와 창문 앞에 앉혀놓는다. 이제부터 나는 혼자가 아니다. 이 인형들이 내 곁에 있다. 게다가 내가 지닌 이중성 정도는 다정한 모습일 뿐이라고 말해주는 듯한, 인형의 기형적인 모습이 꽤 위안을 준다.

투 피플을 동행자처럼 가방에 끼우고 돌아다닌다. 사람들이 여기저기서 다가와 '이거 투 피플이지?' 인사를 건넨다. 사교적인 동행자를 구한 사람처럼, 나는 더 많은 사람들과 더 쉽게 어울릴 수 있게 된다. 한 꼬마가 우리 언니도 인형을 만들 줄 안다며 내 손을 잡고

FRESH FRUIT

이끈다. 나는 꼬마들이 조르르 무릎 꿇고 앉아 있는, 그 한가운데에 젖먹이를 품에 안고 앉아 있는 깡마른 소녀 앞에 서게 된다. 언니의 자그마한 손이 제법 능란하게 바늘을 움직인다. 야무져서 애처롭다. 노트북 파우치를 어젯밤에 잃어버렸다는 사실이 떠올라, 나는 노트북을 보여주며 설명을 한다. 이 크기에 딱 맞아야 한다. 커서도 안 되고 작아서도 안 된다. 어느 정도의 쿠션이 있어야 하고, 끈이 길게 달려 있어 어깨에 멜 수 있어야 한다. 언니는 똘망똘망한 눈을 한 채로 고개를 힘차게 끄덕인다. 내일 이 시간까지 만들어놓겠다고 한다. 다음날 내가 언니를 찾아갔을 때, 환하게 웃으며 언니는 내게 물건을 내놓는다. 세상에 하나밖에 없는 나의 노트북 파우치가 그 작은 손 위에 놓여 있다. 미처 생각하지 못했던 부분까지 섬세하게 배려를 해가며 만들어주고서, 언니는 성취감에 들뜬 얼굴이다. 파우치의 입구를 여밀 수 있게 단추를 달아준 것, 어깨끈에도 쿠션을 넣어 오래 메고 다녀도 편할 수 있게 설계를 한 것, 밧데리와 연결선을 수납할 수 있는 자기마한 파우치를 세트로 하나 더 만들어준 것 등을 설명한다. 이제 나의 요란스런 반응이 표현될 차례다. 할 수 있는 모든 반응을 꺼내어 나는 감탄을 한다. 언니는 더더욱 환하게 웃는다.

치앙마이에선 일요일마다 선데이마켓을 찾아가 갖은 군것질로 저녁을 대신했다. 한번은 엄청난 비가 천둥번개와 함께 내리치기 시작했다. 노점상들은 서둘러 물건들을 다시 싸기 시작했다. 조금 더 버티던 상인들의 물건들이 젖어가기 시작했을 때, 비는 더 거세졌고 천둥은 더 요란해졌다. 쇼핑객들이야 상가 안으로 들어가 비를 피했지만, 그 비를 고스란히 맞으며 자기 물건을 건사하느라 상인들이 바쁘게 움직일 때였다. 한 가게에서 요란한 소리와 함께 스파크를 내며 전등불이 꺼졌다. 사람들은 고함을 지르며 물러섰다. 억수비에 모두가 소란해졌을 때, 릭샤꾼들은 손님을 태우기 위해 몰려들었다. 비에 젖은 릭샤꾼들은 손님을 태울 때마다 마른걸레로 좌석의 빗물을 바쁘게 훔쳤다. 갑작스레 큰비가 내리는 시간은 릭샤꾼들이 두 배의 요금을 받을 수 있는 절호의 찬스였다.

시장에는 절대 가지 말라는 말을 들었다. 소매치기가 극성이고 이방인이 발견되면 상인들은 가만두지 않고 어떤 식으로든 골탕을 먹이고야 만다며. 나는 그 말을 전해준 선생님께, 반드시 그 시장에 들러 거기서 선생님이 사 신고 싶으셨다던 몽골 기마부츠를 무사히 사서, 선생님 품에 안겨드리겠다고 큰소리를 쳤다. 소매치기가 극성이라

길래 최소한의 현금만 호주머니에 달랑 넣고 울란바토르의 나랑뚜르 시장엘 갔다. 마유로 빚은 수제치즈를 산처럼 쌓아놓고 파는 가게, 과일을 말린 주전부리를 파는 가게, 몽골 전통의상을 파는 가게, 중고 카펫을 파는 가게들을 기웃거리고 있을 때, 누군가 다가와 여권을 보여 달라고 말했다. 여권을 숙소에 두고 왔다고 말하자, 이곳에선 신분증 없이는 돌아다닐 수 없게 되었다고, 신분증 미소지 죄로 벌금을 내야 한단다. 신분증 미소지 죄. 어쩐지 납득이 가지 않는 죄목이지만 군말없이 나는 범칙금을 냈다. 몽골사람들이 에워싸 구경했고, 나에게 범칙금을 부과한 사람이 자리를 뜨자마자 사람들은 수군대기 시작했다. 누군간 웃었고, 정확히는 비웃었고, 누군간 찡그렸다. 어떤 식으로든 여행지에서는 그 수업료를 치르게 마련인데, 이 정도의 점잖은 방법으로 치러진 수업료를 굳이 나쁘게 생각할 필요는 없었다. 수업료를 치른 홀가분한 여행자가 되어 다시 가게들을 기웃거렸다. 골동품을 파는 가게에서 오래 머물렀다. 러시아제 시계와 러시아제 카메라 같은 클래식한 물건들을 아주 저렴하게 팔고 있었다. 작동이 잘 되는 물건은 아무것도 없었다. 너무 오래 가게를 기웃거려 그냥 돌아설 수가 없어, 몽골식 자개가 수놓인 자그마한 경대 하나를 집어 들었다. 흥정에 흥정을 거쳐 절반 이하의 가격으로 경대를 사들고 한국에 돌아왔지만, 그 경대는 인사동에서 흔하디 흔하게 팔려나가는, 중국산 한국 경대일 뿐이었다. 가격은 내가 산 가격의 절반 이하였다.

시장 옆에 아이들을 위한 자그마한 놀이동산이 있을 때, 그 시장은 어쩐지 완벽해 보인다. 삐걱대는 낡은 관람차와 바이킹이 있고, 오리나 곰 모양의 탈 것이 있고, 공이나 활을 던져 풍선을 맞추면 커다란 인형을 선물로 주는 곳이 있고, 거리의 악사가 모자를 벗어 앞에 두고 전통악기를 연주하고 있으면, 그곳은 시장이 아니라 축제의 장소 같아진다. 그들만 잘 아는 유행 지난 가수가 초대되어 무대에 오른다면 더더욱 완벽한 축제의 밤이 된다. 열광하는 인파는 거의 노인들뿐이다. 그 가수와 그 노인들은 바로 그 노래로 같은 시절 같은 청춘을 통과했음을 짐작할 수 있다. 노인들의 춤사위에서 한 가닥 했던 젊은 날이 배어나오는 축제의 밤. 지금이 어느 시대인지는 잠시 지워지고 오직 축제가 열린다는 현실만이 존재하는 밤. 빠이에 머물 때 육십대 할머니와 팔십대 할머니 두 분을 모시고 그런 밤을 보낸 적이 있다. 빠이의 외곽에 농가를 얻어 지낼 때였다. 풍선을 터트려 인형을 선물로 받아들고 함께 아이처럼 기뻐했고 꼬치나 국수

TAXI

같은 것을 함께 사 먹으며 함께 야시장을 어슬렁댔다. 두 할머니가 환호하며 맞이하던 무대 위의 할머니 가수는 엄청난 가창력을 뽐냈고 온 동네 노인들은 춤을 추며 아이처럼 신나했다. 그렇게 하룻밤을 함께 놀았다는 이유로, 우리는 헤어질 때 서로 부둥켜안고 어린 아이처럼 눈물을 흘렸다.

네팔에서는 꼬치구이를 팔던 청년과 오래 대화를 나누었다. 대화라고 해봐야 우리는 겨우 서로의 이름과 나이 정도를 알게 됐을 뿐이지만, 내가 양꼬치를 맛있게 먹었고 그가 나의 양꼬치를 더 정성껏 구워준 것이 전부였을 뿐이지만, 마치 특별한 인연인 것처럼 그는 자신의 자전거에 나를 태우고 시내 구경을 시켜주었다. 히말라야를 등반하려고 찾아갔던 네팔이지만, 나는 포카라의 사람들이 옹기종기 모여 사는, 실은 꽤나 낙후된 그의 집에 초대돼 차 대접을 받았고 그의 자식들과 공기놀이를 했다. 돌멩이를 손등에 올리는 방식이나 돌을 뿌리고 집는 방식은 조금 달랐지만, 승부를 내는 방식이라든가 이긴 사람의 탄성과 진 사람의 탄식은 똑같았다. 끝내 집까지 내가 데려온 최상의 추억은 안나푸르나의 정상이 아니라, 그들이 내 손에 꼭 쥐어준 공깃돌이었다.

별것 한 것이 없는데도 이상하게 그 여행이 뿌듯하고 무언가를 제대로 만났다는 느낌이 든다면, 나는 그 여행지에서 뻔질나게 시장을 드나들었던 거였다. 부지런히 발품을 팔아 여기저기 다니며 알차게 지낸 것 같은데도 이상한 결여가 느껴진 여행이었다면, 나는 거기에서 시장에를 한번도 가보지 못했던 거였다.

정말로 필요한 물건인데, 이제는 어디에 가서 그걸 구해야 할지 난감할 때가 더러 있다. 고무줄이나 손톱깎이나 옷핀이나 똑딱이 단추 같은 것. 혹은 손목시계가 멈추어버려 약을 교환해야 할 때. 칼이 심하게 무뎌져서 도마 위의 식재료를 내가 썰고 있는지 뜯고 있는지 분간이 되지 않을 때. 신도시에 살던 내게는 그걸 해결할 방법이 없었다. 손목시계를 가방에 넣고 다닌지 십수 일이 걸린 다음에야, 그 모든 걸 한꺼번에 해결할 수 있는 장소가 시장이었다는 사실을 깨닫고 피식 웃었다. 수선이 필요한 바지 하나, 식칼 하나, 죽어버린 시계를 가방에 넣고 재래시장을 향해 자전거의 페달을 밟으니 부서진 장난감을 손에 들고 쪼르르 아빠에게 달려가 고쳐 달라고 조르던 어린시절의 내가 된 것 같았다. 칼 가는 할아버지 앞에 쪼그리고 앉아 그의 날랜 손놀림에 감탄사를 추임새처럼 넣으며 한참을, 재봉

5000 K
5000

틀에 앉은 아주머니의 혼잣말들을 응대하며 한참을, 건전지를 갈아 주며 시계의 구석구석에 끼인 때까지 말끔하게 세척해주는 아저씨와 마주보며 한참을, 온갖 잡동사니를 산더미처럼 쌓아두고 파는 리어카에서 자잘하지만 꼭 필요했던 물건들을 하나하나 고르면서 한참을. 나는 비로소 가장 사소하게 가장 완벽해진 채로 집으로 돌아갔다. 집으로 돌아가는 배낭 속에는 아빠가 좋아하시는 샌베이, 알밤과자, 양갱이 들어 있고, 엄마가 좋아하시는 붕어빵과 순대가 뜨끈한 채로 들어 있었다.

김소연 / 1967년 경주에서 태어났다. 시집 『극에 달하다』와 『빛들의 피곤이 밤을 끌어당긴다』 『눈물이라는 뼈』, 산문집 『마음사전』과 『시옷의 세계』 등이 있다. 제10회 노작문학상과 제57회 현대문학상을 수상했다.

별것 한 것이 없는데도 이상하게 그 여행이 뿌듯하고 무언가를 제대로 만났다는 느낌이 든다면, 나는 그 여행지에서 뻔질나게 시장을 드나들었던 거였다.

나를 바라보는 나

글, 사진 | 김혜나

새벽 다섯시, 알람 벨소리에 눈을 뜬다. 그리고 그만 자리에서 일어나 책상 위에 놓아둔 기름병을 집는다. 자는 동안 몸 안에 쌓인 독소를 없애기 위해 기름 한 수저를 떠서 입 안에 머금고 가글을 하는 것이다. 이내 화장실로 가서 양변기 속에 가글한 기름을 뱉어내고 양치를 한다.

나의 하루는 언제나 이렇게 시작된다. 양치를 마치고 나면 부엌으로 가서 전기 주전자에 물을 받아 전원을 올린다. 자사호에 보이차 잎을 넣은 뒤 끓인 물을 옮겨 담는다. 그리고 차판 위에 자사호와 찻잔, 수구, 거름망 등을 올리고 방으로 돌아와 자리에 앉는다. 가부좌를 튼 채로 골반을 바로잡고 척추를 똑바로 세워 가슴을 활짝 편다. 보이차가 목구멍을 타고 넘어가 척추의 신경을 타고 흘러내리면 아랫배 안쪽 깊은 곳에서부터 따뜻한 기운이 돌기 시작한다.

2리터 들이 주전자 가득 끓였던 물로 보이차를 우려내 마신 뒤 화장실에 다녀오고 나니 어느덧 오전 여섯시다. 나는 그만 차판을 치우고 옷을 갈아입은 뒤 집 밖으로 나간다. 이른 새벽부터 걸음을 옮겨 도착한 곳은 바로 요가 수련원. 수련하기에 좋은 복장으로 갈아입고 요가 매트를 챙겨 수련실 바닥에 깔고 앉으면 이루 말할 수 없는 적막과 고요가 정체를 드러낸다. 그러면 나는 코끝에 시선을 고정한 채 들숨과 날숨을 가만히 바라본다. 정말이지 아무런 생각도 떠오르지 않는 지금 이 순간. 오로지 호흡만이 세계를 구성하고 있는 지금 이 순간이 나에게 존재하고 있다.

서서히 몸을 움직여 아사나 수련을 하는 중에도 계속해서 내 호흡만을 바라본다. 호흡을 보는 것은 산스크리트어로 '아나빠나 사띠'라고 하는데, 부처는 아나빠나 사띠를 통해 세계를 구성하고 있는 우주를 받아들일 수 있다고 했다. 그래서일까. 지금 이 순간, 일상을 사는 중에는 쉽게 볼 수 없었던 내 안의 세계가 매우 또렷이 드러나 보인다. 안으로 더 안으로 깊이 들어가 내 몸과 마음의 구석진 곳까지 찬찬히 훑어보는 것…….

내 안으로 들어가 '나'를 바라보고 싶었다. 나를 찾아가고 싶었고, 나를 받아들이고 싶었다. 요가는 그 '나'를 올바로 보게 하고, 올바로 찾아가게 해주는 하나의 길잡이였다. 스물두 살 때부터 글을 읽고 쓰는 일상을 하루도 빠짐없이 이어왔지만, 글쓰기가 진정 행복하느냐는 질문에는 단 한 번도 '그렇다'라고 대답하지 못했다. 그럼에도 이 질문은 끊임없이 나에게 따라붙었다. 글쓰기는 너무나 힘겹고 외로운 작업. 실로 감당하기 힘든 인내와 고통을 감수해야만 하는 작업이었다. 나는 그 인내와 고통을 감당하고 싶지 않았다. 피할 수만 있다면 어떻게든 피하고 싶은 대상이 바로 글쓰기였다. 그럼에도 불구하고 나는 왜 그토록 글쓰기에 매달리고만 있었을까. 오로지 이것만이, 내가 숨을 쉴 수 있는 유일한 통로이기 때문이 아니었을까.

끊임없이 떠오르는 번잡한 사유와 내 안의 커다란 우물로부터 빠져나오기 위해 나는 글을 써야만 했다. 단 한 줄의 문장도 쓰지 못하는 날에는 가슴팍에 날카로운 칼이라도 찔러넣고 피를 쏟아내야만 숨을 쉴 수 있을 것 같았다. 그래야만 정화될 것 같았고, 그래야만 이 삶을, 견뎌낼 수 있을 것 같았다. 그러려면 글을 써야만 했고, 그에 따르는 인내와 고통을 반드시 마주해야 했다. 그리고 견뎌야 했다. 나는 그렇게 살아왔고, 그렇게 사는 것 외에 다른 삶에 대해서는 전혀 알지 못했다.

그러다 요가를 만나고부터 내 삶은 조금씩 변화하기 시작했다. 물론 요가를 하게 된 계기는 온전히 글을 잘 쓰기 위해서였다. 매일같이 이어지는 글쓰기의 고단함을 요가는 부드럽게 풀어주고 어루만져 주었던 것. 글을 쓰며 생기는 몸의 불편과 마음의 스트레스는 오로지 요가를 통해서만 비워낼 수 있었다. 장편소설을 써나가는 데 있어 필요한 체력과 집중력 또한 요가를 통해서 만들어갈 수 있었다. 그러나 위기는 수시로 닥쳐왔다. 등단 이전, 홀로 소설을 쓰기 시작한 지 5년 정도가 지났음에도 작가가 될 수 없는

현실에 절망해 나는 온몸으로 무너져내렸던 것이다. 그렇게 무너져버린 나의 존재를 일으켜준 것……. 그 또한 다름 아닌 요가였다. 깊은 우울과 절망에 사로잡혀 도무지 이어갈 수 없던 삶의 구렁텅이 속에서 불현듯 떠오른 것이 바로 요가였던 것이다.

요가를 통해서 내 삶을 바로잡고 나 자신을 돌보기 시작하자 글쓰기는 한결 자유로워지고 편안해졌다. 나는 건강한 몸과 마음으로 기꺼이 글을 쓸 수 있었고, 등단이라는 현실적 제도에 더이상 연연하지 않게 되었다. 오랜 시간을 돌아 나는 결국 소설가가 아닌 요가 강사가 되었고, 아이러니하게도 소설가로서의 등단은 그제야 이루어졌다.

그러나 막상 시작된 소설가로서의 삶은 그리 기쁘거나 달가운 일상일 수 없었다. 첫 소설이 출간된 이후에 마주해야 했던 수많은 질타와 냉소로부터 조금도 자유로울 수 없는 까닭이었다. 그토록 오래 요가를 하며 마음을 다잡아 왔음에도 불구하고 소설가로서의 삶을 감당하기에 나는 아직도 너무나 어리고 나약한 인간이었던 것이다.

힘겹게 글을 쓰는 것, 힘겹게 쓴 글을 세상에 내어놓는 것, 힘겹게 쓴 글을 세상에 내놓고 사람들의 평가를 받는 모든 일들이 다, 나에게는 너무 버거웠다. 나는 행복하고 싶었고, 평안하고 싶었고, 자유롭고 싶었다. 그 모든 평안과 행복, 자유를 동반한 지복은 오로지 요가의 세계 속에만 있는 듯했다. 요가 수련실 바닥에 앉아 호흡을 바라보고 나를 바라보며 사유의 지배로부터 벗어나는 때만이 내가 살아 숨 쉴 수 있는 유일한 순간이었다. 소설 따위……, 나를 괴롭히는 소설 같은 것은 모두 잊은 채 오로지 지금 이 순간만이 존재하는 요가 상태에 영원히 머물고 싶었다. 진정 그럴 수만 있다면 나는 온몸을 다 내던져 기꺼이 그 안으로 빠져 들어갈 자신이 있었다.

그때부터 나는 자꾸만 밖으로 나가기 시작했다. 그간 소설을 쓰느라 여행 한 번 제대로 다니지 못하고 지내오던 일상을 버리고 오로지 요가를 하기 위해, 요가의 세계 속에 머물기 위해 인도로 떠났다. 그렇게 인도에서 마주하게 된 요가와 명상 그리고 채식을 하면서 지내는 일상은 나를 아주 낱낱이 바라보게 만들어주었다. 내 안에, 깊은 평안과 자유 그리고 근원의 나……. 나는 비로소 나를 옭아매던 사유의 사슬로부터 자유로워질 수 있었다. 과거에 대한 미련과 집착, 후회가 사라지고, 미래에 대한 불확실한 기대나 불안, 두려움으로부터도 벗어날 수 있었다. 그리고 나는 지금 이 순간의 영원한 현재에 오롯이 머물러 있는 것이었다.

바로 그때, 사유가 사라진 자리에서 비로소 마주하게 된 '나'는, 끊임없이 무언가를 쓰고 있었다. 모든 것이 사라진 바로 여기, 지금 이 순간을, 나는 글로 쓰고 있었다. 내 안에서 마주한 진짜 '나'에게 나는 계속 이야기하고 있었고, 내 안에서 마주한 진짜 '나' 또한 그것을 바라보는 나에게 계속 이야기를 하고 있었다. 모든 것이 사라진 자리에서 마주하게 된 진짜 '나'는 내가 그토록이나 간절히 바라고 또 꿈꾸던 요가 그 자체로서의 상태가 아닌 글쓰기의 상태, 이야기하는 상태,라는 것을 알아차려야 했던 것이다.

요가를 하면 할수록, 요가를 통해 나에게로 깊이 들어가면 갈수록, 작가로서의 자의식은 더욱 크게 되살아났다. 인도에서 돌아온 나는 언제나처럼 요가를 하고 또 글을 썼다. 달라진 것이 있다면 글쓰기가 더이상 힘들거나 괴롭게 다가오지 않는다는 것 정도였을까. 등단을 통해 '소설가'라는 직함을 얻었기 때문이 아니라, 나 스스로, 내가 뼛속까지 작가였다는 인정을 그제야 내릴 수 있었다.

호흡을 바라보고, 반다(Bandha: 속박, 모으는 것, 족쇄, 붙드는 것을 의미한다. 신체의 어떤 조직이나 부분을 수축 · 조절하는 요가 행법)를 조이며 계속해서 몸을 움직여나간다. 요가 수련이 깊어지면 깊어질수록 나는 요가 또한 결코 행복이나 기쁨을 추구하는 행위가 아님을 아프게 깨달아야 했다. 요가를 통해 건강해질 수 있고, 요가를 통해 행복해

Samasti
Gate 1

질 수 있다는 기대와 바람은 아주 커다란 함정. 요가 수행은 그 자체만으로 글쓰기 이상의 어마어마한 고통과 인내 그리고 시련을 감수해야만 하는 또하나의 고행이었다. 나의 온몸과 마음을 온전히 내던지고, 존재가 부서지는 행위의 아픔과 상처를 감수해가며 외롭게 걸어가야 하는 존재의 가시밭길이었던 것이다. 나는 그 고통……, 요가를 통한 고통과 인내를 감당할 만한 힘을 가지고 있지 못했다. 글쓰기 또한 무척이나 힘들고 괴로운 작업이지만, 나에게는 그것을 감당할 만한 힘이 분명히 있다는 사실을 어느 누구보다도 내가 제일 잘 알고 있었다. 글쓰기에 대해서만큼은, 아무리 커다란 시련이나 고난이 닥쳐와도 그것을 이겨낼 수 있고 넘어설 수 있다는 엄청난 의지와 집념, 욕망이 내 안에 도사리고 있는 것이었다. 그러나 요가는 그렇지 못했다. 나는 요가가 주는 고행으로부터 달아나고 싶은 것이 아니라, 그것을 감당할 만한 힘 자체를 아예 가지고 있지 못한 것이었다.

바로 그 순간, 나는 요가가 나를 글쓰기의 고행 속으로 밀어넣고 있다는 사실을 느낄 수 있었다. 너는 글을 써야 한다고. 너에게는 요가 수행자로서의 업이 존재하지 않는다고. 너는 오직 글쓰기를 통해서 너의 업을 소멸해 구원의 길로 나아가야 한다고 요가는 가르쳐주고 있었다.

아사나 수련을 마치고 다시 매트 위에 가부좌를 틀어 앉는다. 요가의 안으로 깊이 빠져들었다 나오는 길. 진짜 요가 행자로서의 삶 한가운데로까지는 깊이 들어가보지도 못하고 주변만 맴돌다 빠져나온 꼴이지만, 요가는 그것만으로도 충분히 진짜 '나'를 만날 수 있게 해주었다. 요가의 안에서 내가 만난 것은 요가가 아닌 바로 '나' 자신이었으며, 그 '나'는 요가의 길이 아닌 내 삶의 길을 잘 찾아갈 수 있도록 불을 밝혀주었다. 가슴에서 배꼽으로, 배꼽에서 가슴으로 흐르고 또 흐르는 숨을 바라보며, 나에게는 요가가 아주 긴 여행이었음을 비로소 깨닫는다. 그것은 바로 나를 찾아 떠나는 여행. 삶의 기로에 있어 어디로 가야 할지 몰라 우왕좌왕하고 눈앞이 캄캄해 아무것도 할 수 없는 상태에서, 요가의 세계로 떠났다가 돌아오고 나서야 나는 내가 누구인지, 어디로 가야 하는지, 무엇을 해야 하는지를 명확히 알아차릴 수 있었던 것이다.

바닥에 펼쳐두었던 매트를 접어 품에 안고 그만 수련실의 밖으로 나간다. 여행에서 돌아온 지금 이 순간, 세상의 문으로 나아가는 발걸음이 조금쯤 가볍다.

김혜나 / 1982년 서울에서 태어났다. 2010년 제34회 '오늘의 작가상'을 수상했다. 장편소설 『제리』 『정크』가 있다.

나에게는 요가가 아주 긴 여행이었음을 비로소 깨닫는다.

그것은 바로 나를 찾아 떠나는 여행.

호텔에 대한 크고 둥근 시선

글, 사진 | 박연준

1. 도착, 호텔 정면으로 마주하기

땅과 하늘과 나무들을 지나쳐 드디어 이국의 대형 호텔 앞에 도착한다. 호텔은 입을 크게 벌린 채 먹이를 기다리고 있는 거대한 짐승 같아 보인다. 잘 교육받은 호텔 직원들이 일사불란하게 움직이는 모습, 반짝이는 샹들리에와 고급 가구들, 여러 인종의 사람들이 어우러져 활달하고 우아한 풍경을 만든다.

사람들이 외면外面을 가꾸기 위해 공들이는 장소에는 반드시 거울이 있다. 가령 세면대, 화장대, 옷장 앞이 그렇다. 호텔은 거울로 만들어진 성城 같다. 무엇이든 반짝인다. 투숙한 사람들의 외양은 물론 인격까지 상승시켜줄 것 같은 착각에 빠지게 한다. 호텔에서 우리는 편리하고 좋은 서비스를 제공받는다. 때문에 비싼 비용을 지불해야 하지만 그럼에도 불구하고 많은 사람들이 호텔을 찾는다. 1층 메인 홀에 자리한 조각상 앞에 트로피처럼 몸을 세워 들뜬 표정으로 사진을 찍는 사람들이 보인다. 일상 밖으로 걸어 나온 스스로를 기념하기 위해 셔터를 누르는 사람들. 그리하여 낯선 곳에서 적당히 해방된 자신의 모습이 한 장 한 장 남는다.

2. 크고, 편안한, 아무도 모르는

여행이 땅에서, 땅 아래서, 혹은 땅 위에서 수많은 사람들을 흘려보내며 앞으로 나아가는 행위라면 '호텔'은 여행의 속도를 늦추고 고삐를 풀어놓기 위한 장소이다.

지금 나는 크고 익숙한, 어쩌면 낯선, 아무도 모르는, 사실은 누구나 아는, 매력적인 장소에 와 있다. 이곳에서는 실명을 대고 체크인 하지만 객실 키를 받는 순간 익명을 보장 받는다. 사람들이 동시다발적으로 체크인을 하고 체크아웃을 하는 곳. 캐리어를 끌고 바통을 터치하듯 도착하고 떠나며 머무는 곳. 호텔은 또하나의 작은 공항이다. 술렁임과 발소리, 다양한 언어들, 편의성을 고려한 내부시설 및 쇼핑센터 속에서 '나'라는 존재는 호텔을 이루는 작은 부속품에 지나지 않는다. 며칠 후 '탈락'되어도 전혀 무리를 주지 않는 부속품으로서 왠지 모를 편안함을 느낀다.

3. 호텔이라는 거미 - 비밀 사냥꾼

호텔은 위엄 있고 민첩한 거미다. 중심에서 변방으로 줄을 뻗어 촘촘한 네트워크를 형성하고 여기에 걸려든 사람들을 탐한다. 호텔이 사람들을 탐하고 그들 또한 호텔을 탐한다는 점에서 공생이 이루어진다. 사람들은 돈을 지불하고 약간의 행복과 안식, 때론 향락, 비즈니스, 놀이를 즐기다 돌연 사라진다.

미로 같은 호텔 복도는 신비로운 길을 만든다. 객실이 모여 있는 위층 복도, 발소리가 들리지 않는 카펫 아래서 비밀들이 자란다. 이 길을 지나갔을 다양한 사람들을 상상해본다. 저마다의 영혼 몇 방울과 오래 묵은 비밀 한 줌을 흘렸는지도 모르고 지나갔을까? 그러나 입이 무거운 거미는 발설하지 않으리라. 비밀을 삼키고 몸집을 부풀리며 계속, 자라리라. 객실 문을 눈으로 훑으며 지나간다. 사랑을 나눌까, 텔레비전을 볼까, 허공에 파묻혀 자고 있을까, 궁금해하는 사이 배정된 객실에 도착한다.

4. 순간을 향유하기에 가장 좋은 장소

여기를 보라. 오롯이 나를 위해 준비된 것들!
다림질한 것처럼 판판한 면 시트(무색무취가 주는 편안함. 내가 깃들면 오롯이 내 향과 색을 맘껏 피울 수 있을 것 같은), 푹신한 베개와 쿠션들, 곳곳에 설치되어 있는 다양한 크기의 조명기구, 소파와 테이블, 커다란 책상, 콘솔, 미니 화장대와 붙박이 옷장, 벽걸이 텔레비전, 숨어 있는 정숙한 냉장고. 도심 속 비밀 공간에 들어온 느낌이다.
나는 청결하고 안락한 방에서 일체의 강박이나 책임, 죄책감에서 벗어나 공간을 자유자재로 사용할 수 있는 특권을 받는다. 청소를 염두에 두지 않고 어지를 수 있으며, 필요한 물건을 꺼내 책상 위에 마구 늘어놓아도 좋다. 바지를 벗어 소파 위에 툭 던지고, 샤워하지 않고 침대에 누워 과자를 먹을 수 있다. 신발을 끌며 방안을 거닐 수 있고, 아무데나 신발을 훽 팽개쳐 벗어버릴 수도 있다. 옷장에서 샤워가운을 꺼내(꼭 남의 깨끗한 옷을 몰래 꺼내 입는 기분이다) 영화 속 주인공처럼 걸쳐 입고, 우아하게 텔레비전을 볼 수도 있다.
물론 이 모든 것을 일상에서도 할 수는 있다. 그러나 나는 접시에 음식을 담으면서도 설거지를 연상하고(대단히 깨끗한 사람이어서가 아니라, 치

울 사람이 어차피 나이기 때문에), 거실에 앉아 빵을 먹으면서도 부스러기가 떨어지는 것을 신경 쓰며, 욕실 바닥에 떨어진 머리카락을 보고 한숨짓는 사람이다.

집과 호텔의 다른 지점이 여기다. 호텔은 어느 날 돌연 '익명성'을 선언하고 자유롭게 독립한 집과 같다. 대부분의 소유물이 그러하듯 집이란 익명성에서 벗어날 수 없고, 소유주의 책임 아래 놓여 있는 공간이다. 반면 호텔은 며칠 동안 허용된 '남의 집', 맘껏 사용해도 무방한 남의 집인 것이다. 내 것이 아니면서, 지금 이 순간만큼은 온전히 내 것인 사물들. 이곳에 머무는 순간만큼은 맘껏 사용하고, 미련 없이 떠나면 된다. 여행이 주는 흥분과 미묘한 긴장, 피로를 이곳에 풀어놓고 노곤해질 준비를 한다. 호텔은 '순간'을 향유하는 데 가장 알맞은 장소이다.

5. '불통'이 주는 달콤

커튼을 치고 밖을 보니 불 꺼진 야외수영장이 보인다. 타원형으로 고인 물웅덩이가 곱게 안착해 있는 밤. 물에 뛰어드는 것은 몸이 얇은 날벌레들이거나 창밖을 바라보는 누군가의 상념뿐이겠다. 침대 옆 스탠드와 텔레비전에서 나오는 빛이 객실의 어둠을 가까스로 밀어내고 있다. 불빛 탓에 침대 시트의 '정숙한 하양'이 잠시 동요한다.

낮에 시티은행을 찾아 두 시간이나 헤맸고, 택시를 잡느라 삼십 분이나 기다렸다. 낯선 장소가 주는 긴장 탓에 온몸이 피로한데 왜 잠이 오지 않을까? 텔레비전 채널을 돌려본다. 현란한 빛과 함께 쏟아져 나오는 외국어들. 분명한 이질감. 저렇게 확실하게 소리로 발현되는 언어가 흡수되지 않는 게 새삼 신기하다. 내게서 반사된 이국의 언어가 객실 안을 둥둥 떠다닌다. 외국어를 음악처럼 흐르게 놔두고, 심드렁하게 누워 텔레비전을 본다. 맨송맨송한 얼굴.

6. 멀리까지 따라온

호텔에서 혼자 자는 밤,

잊고 지내던 그리움이 한꺼번에 도착한다.

고아원 복도에 서 있는 느낌.

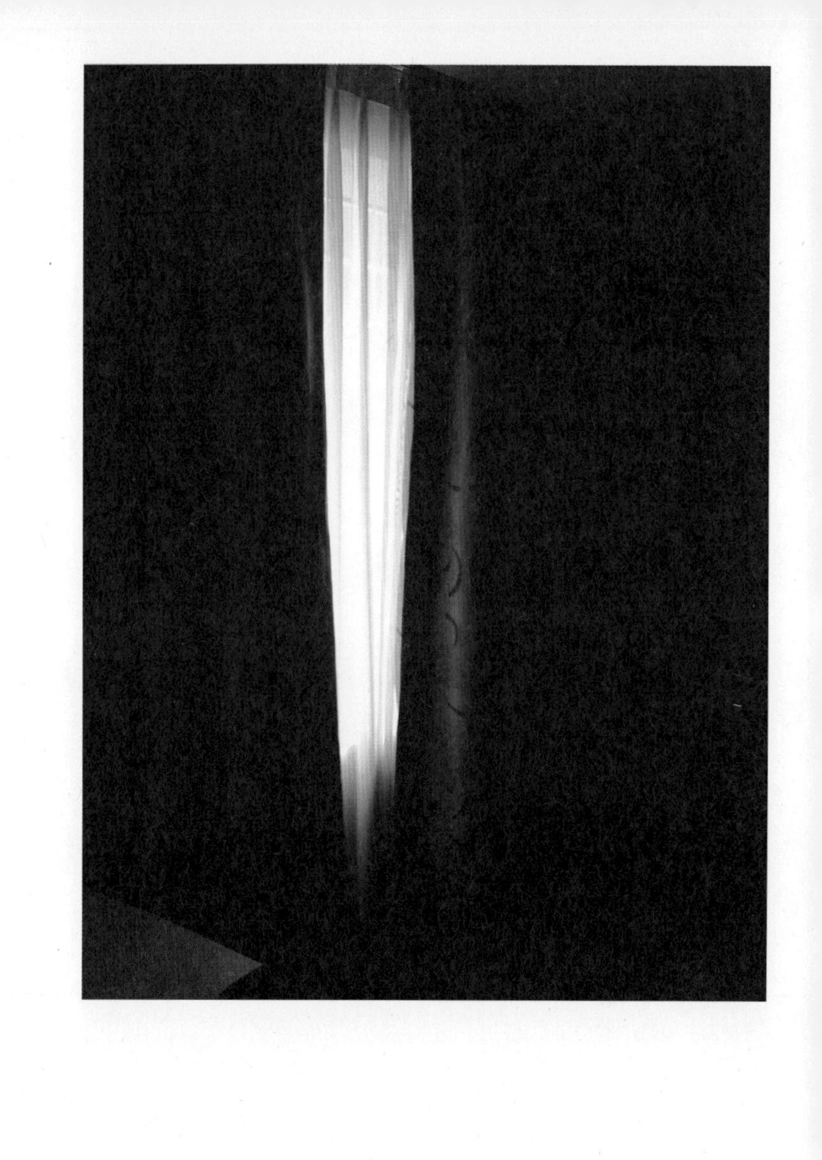

해 질 무렵 고아원 복도, 멀리서 발소리가 들리는 것 같은데
나는 고아는 아닌 것 같은데,
아니 고아인 것 같기도.
그런데 여기서 내가 뭘 하는 걸까?
누군가가 보고 싶은데 그게 누군지도 모르겠는 마음.

신산한 마음이 불면을 데려온다.
아련한 향수와 조금의 해방감, 불쑥 고개를 든 두려움.

혼자다. 세상에서.
그리고 모든 것으로부터.

멀리 와서야 겨우 체감할 수 있는 진실이 있다.

7. 욕조

잠이 올 것 같지 않아 맥주를 마시며 욕조에 물을 받는다. 둥그렇게

안이 파인 욕조는 생김새만으로 이미 충분히 위안을 준다. 일상에서 이렇게 온전히 육신을 맡길 수 있는 사물은 많지 않다. 안락의자와 침대, 소파 따위가 주는 편안함과는 다르다. 그런데 욕조는 왜 이렇게 '욕조'라는 이름이 잘 어울릴까?

뜨거운 물이 담긴 욕조에 샤워 젤을 풀어 넣는다. 풍성한 거품은 없지만 은은한 향이 올라온다. 옷을 벗고, 헤어 캡으로 머리카락을 숨긴 뒤 발끝부터 서서히 몸을 담근다. 뜨거운 온도에 놀란 피부돌기들이 일제히 소란스럽게 웅성거리는 느낌이다. 이게 뭐지, 내 몸에 무슨 일이 일어나고 있지. 일상에서 느낄 수 있는 작은, 사실은 큰 행복이다.

깊숙이 몸을 밀어넣자 물이 목까지 찰랑인다. 눈을 감고 전신에서부터 피로가 서서히 '풀리는' 순간을 적극적으로 느낀다(욕조에 몸을 담가 봐야 피로가 '풀리는' 거라는 사실을 알 수 있다). 세워놓은 무릎과 드러난 어깨에 간간이 따뜻한 물을 끼얹는다. 욕실에 울리는 물소리. 세면대 위에서 버려지는 물소리나 수도꼭지에서 쏟아져내리는 물소리가 아닌, 고인 물이 위로 떠올랐다 가라앉는 소리는 청아하다. 맑게 울리다가 가라앉으며, 곧 사라지는 소리.

호텔 객실에서 혼자 하는 욕조 목욕은 단순한 목욕이 아닌, 지친 나

를 위로하고 달래는 일이다. 머리부터 발끝까지 뜨거운 열기가 뿜어져 나온다. 욕조 밖으로 나와 사라지는 물을 본다. 욕조 아래서 누군가 요란한 소리를 내며 내 달콤한 휴식을 먹어 치우는 소리가 들린다. 꺼억, 트림도 한다.

(거미, 너니?)

8. 고독의 가장 좋은 부위

깊은 잠에 빠졌다가 잠시 깨어난다. 새벽 네시. 움직임에 따라 시트에서 사각거리는 소리가 들린다. 눈을 감고 다시 엎드린다. 탁자 옆 스탠드에서 나오는 희미한 빛과 작은 소음을 내며 돌아가는 에어컨. 도심이 잠든 순간 소리들이 더 선명해진다.

고독의 가장 좋은 부위는 새벽에 있다.
이국 호텔에서 자다 깬 새벽. 고독 중 제일 달콤한 고독.

9. 여행이 입는 옷

호텔은 여행이 입는 옷이다. 날씨와 외부 요인으로부터 보호해주고, 몸의 가장 바깥을 감싸주는 옷. 때로 옷이 그날의 내 모습을 대변하듯 어쩌면 호텔은 여행의 윤곽을 결정하는 중요한 요인이 될 수도 있다. 다음 여행지로 건너가기 전, 에너지를 충전시켜주는 곳. 호텔은 여행을 튼튼하고 맵시 있게 만든다.

박연준 / 시인. 1980년 서울 출생. 2004년 동덕여대 문예창작과를 졸업했고, 같은 해 중앙신인문학상으로 등단했다. 시집 『속눈썹이 지르는 비명』 『아버지는 나를 처제, 하고 불렀다』가 있다.

耶 都 地
TRAVESSA
SANTA

고독의 가장 좋은 부위는 새벽에 있다.

이국 호텔에서 자다 깬 새벽. 고독 중 제일 달콤한 고독.

아련하다, 오늘

글, 사진 | 성미정

주소가 적힌 종이 한 장 달랑 손에 쥐고 서점을 찾아서, 사실은 그 서점에 있다는 책 한 권을 찾아서 도쿄, 교토, 오사카를 헤매던 기억이 아련하다. 지금은 훌쩍 자라 소년이 된 어린 아들을 업거나 안고 달래가며 낯선 일본의 거리를 하염없이 걷던 날들이 이제는 저만치 사라져버렸다. 호텔 침대 위에서 뒤척거리던 아이가 잠들면 작은 보조등 하나 켜놓고 혹여 아이가 깰까 목소리를 낮춰 낮에 서점에서 고른 책들을 보며 소곤거리던 밤도 모두 지나갔다. 우리는 십 년에 가까운 시간을 작은 서점을 하면서 지내왔다. 누군가의 책제목처럼 책장사도 결코 낭만적인 밥벌이가 아님을 익히 알기에 작은 서점들을 보면 남편과 나는 괜히 애틋해지곤 했다.

내가 농담삼아 '생계형 어드벤처'라고 이름 지은 우리 가족의 일본 여행은 서점을 빼고는 얘기할 수 없다. 가게 일을 겸해 일본을 드나들면서 가장 많이 찾아가고 오래 머물렀던 공간이 바로 서점이었으니. 두 시간의 비행 끝에 일본에 도착하면 그곳이 오사카이든 도쿄이든 숙소에 짐을 맡기고 서점부터 순례한 후 숙소로 돌아와 저녁을 먹고는 숙소 근처의 대형 서점에서 문이 닫힐 때까지 책을 보고 책을 고르는 것으로 여행지에서의 하루가 지나갔다.

'출판 왕국'이란 명성에 걸맞게 다양한 책이 출판되고 우리나라에 비해 서점이란 공간이 일찍이 특화된 일본은 책장사를 생계로 삼고 있는 우리에게 더할 나위 없이 좋은 여행지였다. 주인장의 취향과 안목이 그대로 담겨 있는 헌책방이나 최신 유행의 디자인 서적을 모아놓은 서점도 있거니와 아티스트들의 작품을 진열하는 갤러리와 핸드메이드 잡화를 파는 공간까지 갖춘 서점들도 곳곳에 있다. 물론 지하철역 부근이나 입지 조건이 좋은 곳에는 현대적인 인테리어에 아기 놀이방까지 갖춘 대형 서점들도 많이 있다. 동네마다 옛날 우리나라 헌책방처럼 만화책이나 문고본류의 헌책을 파는 헌책방도 있고 골목의 담벼락에 책꽂이를 세워놓고 헌책방을 운영하는 곳도 있다. 이런 곳에 의외의 책들이 숨겨져 있어 책을 고르고 나서 주인장과 대화를 나누다보면 높은 식견에 놀랄 때가 한두 번이 아니었다. 일본의 작지만 다양한 서점은 단지 책을 구입하는 장소가 아니라 문화를 향유하고 예술을 창조하는 공간으로서의 역할을 하고 있었다.

키치조지 - 톰즈 박스

우리나라 여행자들에게 꽤 인기 있는 거리인 도쿄의 키치조지는 작고 개성 있는 가게들이 모인 예술적 정취가 흐르는 거리다. 키치조지에는 '톰즈 박스'라는 보물 상자처럼 작은 서점이 숨어 있다. 톰즈 박스를 찾아가게 된 건 '카렐 차펙'이라는 홍차 가게 덕분이다. 당시 정기구독하고 있던 《MOE》라는 일본 일러스트 잡지

BABAR'S

Wayfinding at Schiphol
Coucou...

에서 톰즈 박스를 알게 되고 톰즈 박스에서 출판하는 일러스트집에 흥미를 갖고 있던 우리는 키치조지 어디쯤이겠지 막연히 생각하고 근처를 돌아보던 중 야마다 우타코라는 일러스트레이터가 운영하는 카렐 차펙 홍차점 간판을 발견하고 들어가보았다.

홍차와 아기자기한 다구들을 둘러보다가 가게 뒤쪽으로 작은 공간이 있어 궁금해서 들여다보니 책이 빼꼭하게 쌓여 있었다. 가게 뒤쪽의 작은 공간이라 당연히 야마다 우타코의 사무실이겠거니 생각했는데 진열되어 있는 책들을 살펴보니 그곳이 톰즈 박스였다.

톰즈 박스에서 우리는 여러 번 놀랐다. 처음엔 그곳이 톰즈 박스였다는 사실에 놀랐고 서점이라 부르기엔 너무 작은 공간에 놀랐고 마지막엔 그 공간을 알뜰하게 활용하여 의미 있는 일들을 하고 있다는 데 놀랐다. 톰즈 박스는 신진 일러스트레이터들의 작품집과 일본 그림책 역사에서 주요한 일러스트레이터들의 작품집 복각판이 함께 판매되고, 좁은 벽면을 두 면이나 할애하여 일러스트도 전시하고 있는 작지만 큰 공간이다.

아름답고 향수가 어린 모타이 타케시의 『파리의 아이들』과 동심이 살아 있는 아라이 료지의 한정판 그림책을 비롯해 어른들도 즐길 수 있는 그림책들이 톰즈 박스에서 출판한 것들이다. 또한 그림책 작가를 지망하는 이들이 다양한 정보도 얻을 수 있고 전시를 통해 출판이라는 기회를 얻을 수 있는 공간이라 신진 일러스트레이터들의 발길이 끊이지 않는 곳이기도 하다. 처음 톰즈 박스에 갔을 때는 협소한 공간에서 아이가 혹여 저지레라도 할까봐 신경이 쓰여 카렐 차펙의 비스킷을 사서 건네주고 톰즈 박스 안으로는 들어오지 못하게 했다. 이제는 다 커서 제멋대로 어디로 가버리지 않나, 자꾸 가게 밖을 오가며 마음을 조이며 책을 볼 일도 없어졌지만 톰즈 박스에 가면 가게 밖에서 얌전하게 엄마, 아빠를 기다리던 어린 아들이 그리워지기도 한다.

키치조지 - 백년

계단을 올라가 2층에 위치한 '백년'의 문을 열면 마치 다락방에 들어간 것 같다. 낮은 천장과 벽에 난 작은 창문으로부터 들어오는 햇살, 헌책의 냄새들이 섞여서 그런 묘한 분위기가 만들어진 듯하다. 그다지 넓은 동네도 아닌 키치조지에서 백년이라는 서점을 찾아서 우리는 골목을 몇 번이나 돌았다. 남편의 손에 들린 지도는 무용지물이었고 슬슬 짜증이 나기 시작하던 나는 하늘을 바라보며 한숨을 쉬고 있었다. 그때 나의 눈에 들어온 2층에 달린 작은 간판 백년. 키치조지의 헌책방 백년은 이렇게 우연히 하늘을 바라보다가 발견했다.

민트색 나무 책장에 헌책들이 꽂혀 있고 오래된 나무 책상 위에

신간을 진열하는 백년. 벽에는 다양한 원화와 공연 포스터들이 붙어 있고 레코드판도 판매되고 있어 키치조지의 아티스트들에게 영감의 원천이 되는 아지트 같은 곳이기도 하다.

남편은 백년에서 몇 권의 빈티지 그림책을 구입하였을 것이다. 나는 오로지 한 권의 책을 구입했는데 지금도 책꽂이에 꽂아놓고 심심할 때면 펼쳐보는 다카야마 나오미의 『밥과 반찬의 책』이란 요리책이다. 먹는 걸 즐기는 나는 어린 시절부터 부엌에서 조물조물 뭔가 만들어 동생들과 나눠먹곤 했는데 그것이 독서 취미와 결합되어 마음에 드는 요리사가 낸 요리책을 탐독하는 취미로 이어진 것이다. 내가 좋아하는 요리책은 누구나 구할 수 있는 평범한 재료로 매일매일 가족을 위한 식탁을 차리는 요리가 실린 가정식 요리서가 대부분이다. 그중에서도 우리나라와 식생활이 닮아 있어 밥상에 바로 응용하기 쉬운 일본의 요리책들을 선호하는데 다카야마 나오미도 그런 요리를 만들어내는 요리사 중 한 명이다.

다카야마 나오미의 사인이 들어간 『밥과 반찬의 책』은 당시 신간이어서 다른 서점에서도 판매되고 있었지만, 내게는 키치조지의 백년에서 구입했다는 것에 더 의미가 있다. 왜냐하면 다카야마 나오미가 예전에 키치조지에서 '제국공상요리점'이라는 조금 독특한 이름의 다국적 식당을 운영했기 때문이다. 그때 벽에 붙여놓은 가게 소식과 레시피 등의 짧은 글들이 입소문을 타고 인기를 얻게 되며 지금은 요리사 및 수필가로 활동하고 있다. 별거 아닌 식재료로 정감 있는 식탁을 만들어내는 그녀의 요리책을 보고 있노라면 엄마가 가족들을 위하여 매일 차려내는 식탁이 떠오른다. 언젠가 일본의 방송 NHK에 다카야마 나오미 특집이 나와서 관심을 가지고 본 적이 있다. 멋진 키친 스튜디오에서 조수들을 거느리고 일하는 다른 스타급 요리사들과 달리 그녀의 주방에는 남편이 직접 만들었다는 투박한 원목 식탁과 사용하기 편리하게 그릇들을 수납해놓은 소박한 진열장이 놓여 있었다. 방송을 보면서 겉치레보다는 일에 집중하는 그녀의 태도가 요리와 삶에 그대로 담겨 있음을 느낄 수 있었다. 백년은 내게 좋아하는 요리사 다카야마 나오미의 사인본 요리책을 구한 작은 창문이 있는 다락방으로 기억될 것이다.

교토 - 케이분샤

이제는 너무 익숙해서 식상한 감도 들고 침체일로에 서 있는 출판시장 탓에 예전만큼 다양하고 새로운 책들을 만나 볼 수 없어 안타깝지만 지금도 '케이분샤'에 처음 들어서던 날의 감동은 생생히 기억난다. 독일에서 출판된 숟가락에 관한 책을 해외 검색엔진에서 찾다가 케이분샤라는 교토의 서점이 검색되어 무작정 찾아갔던 것이 인연이 되어 간사이 지방에 갈 때는 꼭 들르는 서점이 케이분샤다.
짙은 갈색의 빈티지 나무 가구들 안에 꽂혀 있는 책들과 코너별로 아티스트의 작품과 책을 함께 진열한 공간, 제각각 모양이 다른 조명등의 은은한 불빛 아래 책을 읽고 있던 사람들이 하나의 풍경처럼 어우러지던 모습은 우리가 꿈꾸던 이상적인 서점 그대로였다.
교토의 번잡한 관광지에서 한 걸음 떨어진 은각사 근처 이치죠지라는 한적한 동네에 자리잡은 케이분샤는 다양한 책과 함께 신진 아티스트들의 전시도 볼 수 있고 일본 특유의 장인정신이 담긴 수공예 잡화도 구입할 수 있는 서점이다. 독서를 통해 뭔가를 창조하고 싶어 하고 새로운 세계를 찾고 싶어 하는 사람들에게 케이분샤는 더할 나위 없이 잘 어울리는 공간이다. 책을 좋아하고 늘 곁에 두려는 사람들을 다정하게 보듬는 소박한 공간이라 더욱 그러하다.
한시도 가만 있지 않는 어린 아이를 데리고 왠지 조용한 나라 일본, 그중에서도 조용하게 있어야 하는 서점이나 갤러리를 다니다 보면 아이 단속하랴 주변 사람 눈치 보랴 가뜩이나 예민한 신경이 더 곤두서게 마련이었는데 교토 역에 내려 케이분샤행 열차에 올라타면 좀 여유로워졌다.
교토는 작은 도시지만 버스를 타고 케이분샤에 가려면 많이 돌아가야 해서 우리는 주로 전철을 이용했다. 오사카에서 이층열차를

けいぶん社

運賃箱
FARE BOX

THE WINNER

타고 한 량짜리 꼬마기차로 갈아타면 아이는 기관사가 어떻게 기차를 운전하는지 궁금해 늘 운전석 바로 뒤에 서서 갔다.
나는 케이분샤의 한쪽에 마련된 갤러리에서 일상 잡화들을 둘러보며 구매하고 남편은 새로운 책을 찾아 몇 시간씩 작은 서점 안에 머물렀다. 케이분샤는 여행지에서의 하루에 지친 우리 가족에게 소소한 기쁨을 안겨주는 안식처 같은 서점이었다.

오사카 미나미센바 - fineza

3년 전 오사카 미나미센바 근처에 있다는 'fineza'라는 서점을 찾아간 적이 있었다. 그때 남편은 빈티지 팝업북 외에도 동유럽의 그림책을 수집하고 있었다. 남편의 수집 목록에는 유명 일러스트레이터가 그린 우표도 있었는데, 당시 헝가리의 아티스트 야노스 카스의 우표 디자인에 빠져 있었다. 대담한 선과 단순한 색상, 밝고 생기에 가득 찬 야노스 카스의 일러스트를 작은 우표가 아니라 좀더 큰 책으로 보고 싶었던 남편은 오사카 미나미센바 쪽 어딘가의 건물에 야노스 카스의 빈티지 일러스트북을 판다는 정보를 알아내고 오사카 여행길에 들르기로 했던 것이다.
근처의 주유소를 기점으로 찾아가면 지하철역에서 걸어서 오 분이면 찾는다던 서점을 한 시간 가까이 찾아 헤맸다. 미나미센바

역 근처에 주유소가 두 개 있었는데 엉뚱한 주유소를 기점으로 삼은 탓이었다. 이 골목 저 골목을 뱅뱅 돌다가 택배 아저씨를 붙잡고 빌딩 주소를 물어 겨우 찾아갔던 fineza 서점은 작은 사무실 같았다. 낡은 빌딩의 3층에 자리잡은 fineza는 문구류와 잡화들이 있고 책이라곤 선반 위에 진열된 책이 전부였다. 알고 보니 원래 fineza는 온라인 위주로 동구권의 그림책과 잡화를 파는 곳이라 오프라인 서점이라 하기엔 규모도 작고 책도 많이 비치되어 있지 않았던 것이다.

남편은 구하기 힘든 야노스 카스의 책을 손에 넣어 꽤 기뻐하는 눈치였는데 나는 세 식구가 기를 쓰고 찾아가서 겨우 책 한 권 사고 나니 별로 볼 만한 것이 없어 이게 뭐하는 짓인가 싶어서 속으로 좀 역정이 났었다. 그래도 이제야 돌이켜보면 fineza 서점을 찾아가는 길에 꼭 그렇게 맘 상한 일만 있었던 것은 아니었다. 서점을 찾아 돌아다니던 중에 '키타야'라는 작은 빵집을 발견하고 들어가보았는데 그곳의 빵이 의외로 맛있었던 것이다. 일본산 밀가루를 사용하여 매일 팔릴 만큼만 빵을 구워내는 작은 빵집인데 올리브가 들어간 하드롤을 사서 나눠 먹었는데 구수하고 짭짤해서 기분이 많이 풀렸다.

서점을 찾아간다는 것은 책을 찾아간다는 것이지만 오로지 책만을 찾아가는 것은 아니다. 책을 찾아 헤매던 낯선 이국의 길 위에서 맛있는 빵집도 만나고 작은 빵을 사서 함께 나누었으니까. 서점을 찾아가는 우리 가족의 순례길에는 이렇게 작은 서프라이즈가 숨어 있었으니.

성미정 / 1967년 강원도 정선에서 태어났다. 시집으로 『대머리와의 사랑』 『사랑은 야채 같은 것』 『상상 한 상자』가 있다.

서점을 찾아간다는 것은 책을 찾아간다는 것이지만

오로지 책만을 찾아가는 것은 아니다.

거기, 없는 길의 흔적

글, 사진 | 신해욱

1.

탈이 났다. 울란바토르를 출발하여 고비로 떠난 지 나흘째 되던 아침이었다. 눈을 뜨니 물 한 모금을 넘기기가 어려웠다. 속이 울렁거리고 머리가 깨질 것 같았다. 한 발자국을 뗄 때마다 바닥이 공중제비를 돌았다. 보다 못한 우리 일행의 승합차 운전사가 걱정스런 눈길로 물었다. "오늘은 아주 아주 험한 구간을, 아주 아주 오래 달려야 하는데, 괜찮겠어?" 힘들겠지만 출발 채비를 서둘러야 한다는 뜻이기도 했다.

후회가 밀려왔다. 전날 밤 한기를 무릅쓰고 기분을 잔뜩 낸 대가였다. 어제는 사막의 맑은 밤하늘에서 눈을 뗄 수가 없었다. 초사흘의 가는 달이 서쪽 지평선 밑으로 사라진 후 별들이 차근차근 도드라졌다. 난생 처음 백조자리를 가로지르는 은하수를 보았다. 남쪽 하늘에 낮게 뜬 전갈자리의 꼬리도 또렷하게 셀 수 있었다. 이렇게 별만 반짝이는 새까맣고 둥근 하늘이라니. 진짜 지구의 진짜 하늘이라는 게 믿어지지 않았다. 나는 신문지를 바닥에 깔고 앉아, 챙겨 온 보드카를 미지근한 주스에 타서 마셨다. 찌르르 술기운이 올라왔다. 입 안에 모래가 버석거리고 쌀쌀한 기운이 옷을 파고들었지만 그쯤 아무래도 좋을 만큼 마음이 들떠 있었는데, 아무래도 좋긴 젠장, 하필 난코스를 두고 이 꼴이라니.
물수건에 의지하여 억지로 정신을 수습한 후 러시아제 지프에 털썩 몸을 부렸다. 기다렸다는 듯 운전사가 시동을 걸었다. 아, 이불을 둘둘 감고 한숨 푹 잘 수 있으면 좋으련만.

2.

그랬다. 운전사의 말대로 험하디 험한 길이었다. 하늘은 청명했지만 전날 한바탕 비가 쏟아진 터라 움푹 팬 지형은 웅덩이가 되어 있었다. 흙이 마른 땅은 요란한 흔적들을 그대로 새긴 채 울퉁불퉁하게 굳어 있었고, 아직 마르지 않은 땅은 차바퀴가 헛돌 만큼 무르고 질척했다. 황톳빛 물이 튀고 날카로운 돌이 튀었다. 내 몸도 수시로 앞으로 튀어나가고 위로 튀어올랐다. 이 길이 언제쯤 끝날지 아연하기만 했다.
그런데 길이라니. 우리가 정말 길을 가기는 가고 있는 것일까. 모름지기 가리키는 방향이 있어야 '길'이라 하는 거 아니었나. 가리키는

방향이 없다면, '길'이라는 말이 가리키는 건 뭘까. 나는 이제껏 간직했던 길의 이미지를 지워야 했다. 울란바토르를 벗어나 포장도로가 끝이 난 후 길이 되어준 건 두 줄로 이어지던 바퀴자국 뿐이었다. 허허벌판엔 이제 그 바퀴자국조차 없었다. 이 길도 길이라 불릴 수 있다면, 길은 두 종류로 나뉘어야 했다. 있는 길과 없는 길. 우리가 가는 길은, '없는 길'이었다.

없는 길을 따라 지프는 쉴 새 없이 요동쳤지만, 신기하게도 나는 눈만 감으면 까무룩 의식이 가라앉았다. 몸 바깥보다 몸 안의 상태가 더 험했던 것일지도 모른다. 어쩌면 '없는 길'의 아득함에 홀렸던 것일지도. 꿈의 요괴들이 눈꺼풀 바로 아래에 숨어 꿈틀거리는 것 같았다. 요괴들은 내 일상을 취해 변장을 했다. 영화배우 박해일의 얼굴을 한 남동생이 나왔다. 여섯 개의 다리로도 모자라 한 쌍의 다리가 더 돋아나고 있는 우리 동네 고양이가 나왔다. 내 얼굴을 하고 내 옷을 입고 있는 친구 L도 나왔다. 그러다가 차가 덜컹해서 눈을 뜨면, 스물스물 기어나왔던 요괴들은 감쪽같이 숨고 창밖으로는 변함없는 벌판이 펼쳐졌다. 풀을 뜯는 양떼와 그저 서 있는 낙타들이 보였다. 드라마틱한 것은 오직 구름. 구름만이 변화무쌍하게 움직였다.

꿈과 현실이 뒤집혔다. 눈을 감으면 도시의 내 삶이 기묘한 모습으로 나타났고, 눈을 뜬 현실 속에는 꿈같은 환한 풍경이 펼쳐졌다. 그 풍경 속에, 거친 땅을 못 견디고 펑크 난 타이어들이 군데군데 버려져 있었다. 나는 몽롱한 머리로 헨젤과 그레텔의 빵조각을 생각했다. 흘려둔 빵조각을 따라가다 길을 잃고 달콤한 마녀의 집에 갇힌 남매처럼, 우리도 펑크 난 타이어를 따라가다 아름다운 악몽 속에 갇혀버리는 건 아닐까.

3.

잠의 요괴들이 극성을 부려준 덕인지 늦은 오후가 되자 차츰 정신이 들었다. 나는 운전사 빔바에게 물었다.
"빔바, 대체 어떻게 길을 아는 거야? 이정표는커녕 나무 한 그루 없잖아. 사방은 똑같은 지평선이고. 나침반이라도 가지고 있어?"
가이드가 나의 말을 통역해주자 빔바는 씩 웃으며 어깨를 으쓱했다. 그냥 안다고 했다. 그는 자신의 가슴을 가리켰다. 무슨 뜻일까? 느낌으로 안다는 뜻일까. 마음속에 나침반이 있다는 뜻일까.

스물여덟 살인 빔바의 고향은 중부 고비였다. 4년 전까지만 해도 그는 염소와 양들을 돌보고 60여 마리의 말을 키우던 유목민이었다고 했다. 씨름 선수로 읍내 축제에 나가 우승도 했었다는 말을 전할 때는 자랑스러운 기색이 얼굴에 스쳐갔다. 하지만 겨울을 나는 일은 언제나 끔찍했다. 설상가상으로 4년 전의 혹한에 가축들이 모조리 죽어나갔고, 젖도 고기도 얻을 수 없던 그는 아내와 어린 딸과 함께 그해 겨울을 굶주리며 지내야 했다. 겨울이 끝나자 그는 유목 생활을 접었다. 가족이 살 작은 집을 근처 마을에 얻고 빔바 자신은 일자리를 찾아 울란바토르로 올라와 운전대를 잡았다.

"그렇다고 도시에 살 수는 없었어. 정말이지 도시는 아니었어."

그는 얼굴을 찡그리며 고개를 내둘렀다. 일 년 중 여름 한 철은 여행객들과 함께 고비 일대를 돌고, 날이 추워지면 가족들에게 돌아가는 두번째 삶이 시작되었다. 그는 이 생활이 그리 싫지 않다고 했다. 가족과 떨어져 지내야 하는 시간이 길긴 하지만, 겨울 걱정을 덜 수 있고 또 답답한 도시에 갇혀 있지 않아도 되니까. 동물들을 기르지 않아도 그는 여전히 이곳저곳을 옮겨 다니는 초원의 '노마드'였다. 어쩌면 유목민만이 지닌 고유한 더듬이가 나침반의 바늘 끝처럼 가야 할 방향을 알려주는 것일지도 몰랐다.

휴, 빔바가 안도의 숨을 쉬며 차를 세운 건 다행히 지평선 너머로 해가 지기 전이었다. 홍고린 엘스Khongoryn Els, 일명 '노래하는 모래언덕'이 저만치 황금빛으로 둘러서 있었다. 짐을 풀자마자 나는 그 노랫소리를 들었다. 휘이 휘이 휘파람 소리를 내며 긴 모래바람이 한 차례 불었다. 머리카락도 양말도 목덜미도, 손에 들고 있던 카메라도 게르 안에 가져다 둔 침낭도 온통 모래투성이가 되었다. 씻을 물이 변변치 않으니 별 수 없이 모래인간에 가까워진 기분이었다. 모래인간. 아이들의 눈에 모래를 뿌려 잠을 재우는 정령. 그러나 오늘은 아이들의 눈 대신 내 눈 위에 모래를 뿌리고, 염소의 젖내가 밴 담요에 코를 박은 채 깊은 잠을 청해야 할 것 같았다.

4.

유목민의 천막집인 게르 안에서 뒹굴거리며 나는 서울에 있는 조카에게 들려줄 알록달록한 이야기를 궁리했다. 초원의 하얀 집에는 분홍색 옷을 좋아하는 어머니와 장난기 많은 아버지와 삼형제가 살았습니다. 첫째는 낙타들을 돌봤고 둘째는 방목을 나가는 아버지를 도

왔고 막내는 염소와 양의 젖을 짰습니다…… 새끼 양은 신기한 것들에 눈을 팔다가 길을 잃고 늑대를 만났습니다…… 새끼 양 대신 밤늦게 문을 두드린 건 신발을 잃고 모래투성이가 된 낯선 모녀였습니다…….

진짜 그랬다. 동화책 속에서나 일어날 법한 일들이, 뻔뻔하게, 천연덕스럽게, 내 앞에 펼쳐졌다. 깊은 밤 금발의 두 여자가 게르의 문을 두드렸다. 둘 다 반쯤 넋이 나간 상태였고 그중 한 명은 맨발이었다. 불시착한 외계인 몰골이 이러려나. 한바탕 소동이 일었다. 두 여자의 말을 알아듣는 데 한참이 걸렸다. 모래언덕 쪽으로 나갔다가 갑자기 어둠이 깔려 방향을 잃고 헤매는 중이라 했다. 엎친 데 덮친 격으로 신발까지 개울에 떠내려가버렸다나.

밤이 더 깊어 모두가 잠들었을 무렵엔 늑대가 나타나 새끼 양 한 마리를 잡아먹었다. 개가 컹컹 짖어댔지만 속수무책이었다. 아침을 먹으며 그 소식을 듣고 나서야 열한 살인 막내의 눈이 벌겋게 충혈되어 있는 이유를 알았다. 소년이 아끼던 녀석이라 했다. 전날 염소젖을 짜던 그의 모습이 떠올랐다. 소년은 염소를 일으켜 아랫배를 툭툭 친 후 뒷다리 사이의 젖에 손가락을 물렸다. 양철통에는 하얀 액체와 함께 콩알 같은 똥이 우수수 떨어졌다. 소년은 심상하게 음료에 손을 넣어 똥을 집어내었고, 다음 염소에게로 자리를 옮겨 이제껏 짜낸 음료에 손끝을 '소독'한 후 다시 젖을 잡았다. 힐끗 나를 올려다보던 그의 얼굴에 쑥스러움과 양양함이 반반쯤 섞인 미소가 스쳤다. 능숙하고 진지한 작은 손. 그 손으로 소년은 아작아작 늑대의 먹이가 된 새끼 양의 등을 몇 번쯤 쓸어주었던 것일까.

해가 중천에 떠오를 무렵, 나는 늑대가 왜 새끼 양을 노렸는지 이해할 수 있을 것 같았다. 손바닥만한 그늘을 찾아 염소와 양들은 자동차 밑과 게르 주변으로 옹기종기 모여들었다. 호기심이 많은 몇몇은 게르의 열린 문 앞에 한참씩 서서, 더 넓은 그늘이 있는 안쪽으로 넘어올까 말까 망설이곤 했다. 주위를 유심히 살피고, 한 발을 조심스레 들여놓았다가, 내 눈을 빤히 쳐다보고는, 다시 발을 빼고 걸음을 돌렸다. 하지만 새끼 양과 새끼 염소들은 무턱대고 넘어왔다. 훠이 훠이 손짓을 하면 도망가기는커녕 가까이 다가와 침대 위로 올라서기도 하고 가방 속에 얼굴을 들이밀기도 했다. 이렇게 겁이 없어서야 원. 어젯밤에도 혹시 이랬을지 모른다는 생각이 들었다. 늑대가 잠자는 새끼 양을 덥석 물어간 게 아니라, 새끼 양이 호기심을 못 이기고 딱 벌어진 늑대의 아가리 속에 제 발로 뛰어든 건 아닐까.

오줌 눌 곳을 찾아 둔덕 쪽으로 향하다가 나는 풀 뜯는데 정신이 팔

려 무리에서 낙오된 두 마리 어린 양도 살펴주어야 했다. 저 멀리서, 오토바이를 타고 양떼를 몰아가던 주인 남자가 신호를 보냈다. '당신 앞에 있는 두 마리, 이쪽으로 좀 보내줘.' 무리에 합류할 수 있도록 방향을 잡고 나는 발을 굴렀다. 녀석들은 짧은 다리로 뛰어가다 멈추고는, 고개를 돌려 이쪽을 빤히 보았다. 언젠가 만난 사이 아니냐고 묻기라도 하듯. 아, 어찌 저런 눈빛에 영혼이 담기지 않았다고 할 수 있으리. '얘들아, 나는 친절한 이방인의 탈을 쓴 늑대일지도 모른다고.' 으르기라도 하듯 눈을 부라리며 다시 녀석들을 무리 쪽으로 쫓았다. 아뉴스데이. 어린 양들을 위해 기도라도 해야 할 것 같은 오후.

5.

"저기까지는 걸어서 가는 수밖에 없어."
저물녘이 되어 내가 모래언덕을 다녀오고 싶다고 하자 큰 소년이 말했다. 보통은 낙타를 타고 가지만 며칠 전 쏟아진 폭우로 땅이 무너져 개울이 생겼다고 했다. 그는 무릎 위를 가리키며 물의 깊이를 가늠해주었다. 낙타는 건널 수 없지만, 신발과 양말을 벗고 바지를 걷어 올린 다음 발 디딜 곳을 잘 고르면 사람은 충분히 건널 수 있다고.

마침 가까이에 주저앉아 있던 낙타들이 접어두었던 여덟 개의 무릎을 차례로 펴고 일어나 개울 쪽으로 걸음을 옮기기 시작했다. 목을 축이러 가는 모양이었다. 바람이 불자 등에 달린 두 개의 혹들이 한들한들 연하게 움직였다. 동행과 나는 낙타들을 따라가며 잘 다녀오겠다고 손을 흔들었고, 소년도 싱긋 웃으며 손을 흔들어주었다. 어느 쪽이나 가벼운 마음이었다.

소년이 생각했던 건 아마 제 삶에 나타난 작은 변수, 개울이었을 것이다. 또한 내가 믿었던 건 겨우 '저만치'로 보이는 만만한 거리였을 것이다. 시야를 가로막는 지형지물이 없는 까닭에 바로 앞에 있는 것만 같았으니까. 하지만 가도 가도 모래언덕은 가까워질 생각을 하지 않았다. 제자리걸음을 하고 있는 듯했다. 양말과 바지 사이로 드러난 발목에 풀독이 올랐다. 기울어진 해는 눈을 찔렀고 쉬어갈 그늘은 어디에도 없었다. 가볍게 다녀오자며 아무것도 챙겨오지 않은 동행과 나는 목이 마르고 배가 고팠다. '하르막'이라는 빨간 열매를 따먹으며 침이나 겨우 넘길 수밖에 없었다.

숙소 게르로 돌아오는 길은 좀더 난감했다. 사방이 똑같으니 나는 내가 어디에 있는지 알 수 없었다. 유목민이었던 빔바가 지닌 마음의 나침반이 내게는 없었다. 거리 감각과 공간 감각에 이어 시간 감각도 사라졌다. 하늘에 늦도록 떠 있는 해를 믿다보니 어느새 발밑은 깊은 어둠이었다. 그제야 나는 금발의 모녀가 어째서 엉망이 된 몰골로 어제 그 늦은 밤에 낯선 게르의 문을 두드릴 수밖에 없었는지 알 것 같았다.

그래도 모래언덕의 꼭대기까지 오를 수 있었던 걸 보면 내가 한 걸음 다가갈 때마다 모래언덕은 반걸음씩만 뒤로 물러났던 것 같다. 측량할 수 있는 거리가 아니라, 모래와 사람 사이의 진짜 거리를 재어보기라도 하겠다는 듯이. 내 앞으로 무수한 사람들이 다녀갔을 텐데도 모래언덕 어디에도 사람의 흔적은 없었다. 내 흔적도 그럴 것이었다. 미리 나 있는 길은 없었다. 앞으로 나게 될 길도 없었다. 앞과 뒤가 사라지는 곳. 나의 발자국을, 아니 모든 발자국을, 유일한 발자국으로 만드는 곳. 지금 이 순간이 지나고 바람이 한 차례 불면 아무 흔적도 남지 않을 것이기에, 시간이 스며들 수 없는 곳. 순간들만이 영원한 모래알처럼 흩어지는 곳.

6.

고비를 다녀온 지 두 달이 지났다. 노래하는 모래 소리, 게르의 천막이 바람에 펄럭이는 소리, 낙타들의 울음소리, 그 사이의 내 목소리. 그 약간의 소리들을 녹음해 와 다행이라는 생각이 든다. 이 글을 쓰면서 그 소리들을 들었다. 사진들을 보고 있노라면 거리 감각, 공간 감각, 시간 감각에 이어 현실 감각도 사라지는 것 같은데, 소리 속에서만은 희한하게 '없는 길'이 생생하다. 길이 없었던 게 아니라, '없는 길'이 내게 있었음을 떠올리게 한다. 모래언덕에는 나의 흔적이 남아 있지 않겠지만 나에게는 모래언덕의 흔적이 이런 식으로 남게 되는 걸까.
영영 흩어져버린 꿈을 위해, 꿈속에서 흘린 피를 아침의 손가락으로 훔치는 기분이다.

신해욱 / 1974년 춘천에서 태어났다. 시집 『간결한 배치』 『생물성』, 산문집 『비성년열전』을 냈다.

우리도 펑크난 타이어를 따라가다

아름다운 악몽 속에 갇혀버리는 건 아닐까.

핀란드, 네가 없었다면

글, 사진 | 오지은

왜 하필 핀란드였을까. 그 이유는 지금도 모르겠다. 언제부터 핀란드를 꿈꾸게 되었을까. 어릴 때 막연하게 '한국에서 직업을 찾기 힘들어지면 핀란드에서 유자차를 팔아야겠다'고 생각했었는데 그 또한 어디서 튀어나온 생각인지는 모르겠다. 우리 큰이모가 매 해 만들어주시는 유자차가 지나치게 맛있어서, 거기서 튀어나왔나?

굳이 이유를 찾자면 '물'이었다. 몇 년 전 오로라가 보고 싶어서 핀란드 북극권으로 여행을 간 적이 있다. 숲속에 덩그마니 있는 오두막에서 몇날 며칠을 오로라만 기다렸는데 결국 보지 못하고 왔다. 그렇게 간단히 볼 수 없는 것이라는 걸 알아서 크게 상처받지는 않았다. 돌아오는 길에 헬싱키를 잠깐 둘러볼 시간이 있었다. 어떤 영화에 나와서 유명해진 바닷가 카페에 갔는데 물이 너무 맛있는 것이다. 당황스러워서 몇 잔을 들이켰는데 그 투명한 목 넘김이 너무도 강한 인상을 남겼다. 이렇게 물이 맛있는 곳이라면 한동안 살아보아도 괜찮지 않나? 하고 순간 생각했었는데 실행에 옮기게 될 줄은 나도 몰랐지.

한 달간 세계 어디든 원하는 곳에서 살 수 있는 기회가 생긴다면 사람들은 어디에서 무얼 하고 싶어 할까. 뉴욕이나 런던 같은 대도시에서 온갖 문화적 자극을 받으며 지내기, 이탈리아 시골에서 먹고 살찌고 먹고 살찌기, 티베트 어느 마을에서 도 닦기, 로키 산

맥 언저리 호수에서 낚시하기, 동남아 어느 섬에서 해먹에 누워 흔들거리기, 케냐에서 야생동물들과 뛰어다니기…… 다양한 답이 나오겠지만 '왜 그런 생각을 하셨어요?' 하고 묻는다면 다들 '어, 글쎄요……' 하지 않을까 싶다. 정답 아닌 정답은 '내가 그냥 그게 하고 싶어서'가 아닐까. 내게 핀란드 헬싱키 또한 그랬다. 실제로 핀란드에 간다는 얘기를 하니 '왜? 핀란드???'라는 반응도 많이 경험했는데 딱히 대답할 말이 없었다. 핀란드는 말이야 메탈 음악의 성지이고, 여름에 선선하고 또 해가 안 지고, 영토의 1/3이 북극권이고, 유럽의 끝이고, 호수가 몇 백 개나 있고……. 내가 이렇게 핀란드의 장점을 늘어놓을 때마다 사람들은 눈썹을 점점 추켜올릴 뿐이었다. 나도 말하면서 이게 아닌데 싶긴 했다만 그래도 일단 겪어보자는 생각에는 흔들림이 없었다. 가서 확인해보고 싶었다. 나는 왜 심심하고 물가 비싼 핀란드에서 한 달이나 보내고 싶어 하는지, 그곳에 뭐가 있길래 나는 이 먼 길을 떠나려 하는지, 나는 거기서 어떤 시간을 쌓아가게 될지, 전부 직접 가서 경험해야만 알 수 있는 것이고 백날 추측해봐도 소용이 없어서 나는 가는 수밖에 없었다. 번거롭다 정말.

준비는 의외로 간단했다. 너무 간단해서 맥이 빠질 지경이었다. 핀란드는 유럽의 끝이니까 경유로 열여덟 시간 정도 걸릴 것 같은 이미지가 있지 않은가? 없나? 나에겐 있었다. 그런데 핀에어를 타면 직항으로 아홉 시간이면 갈 수 있다는 사실. 두둥. 유럽의 끝이라는 곳이 우리 입장에서는 가장 가까운 유럽이라니 어딘가 허무한 마음을 안고 결제 완료. 자, 이제 한 달을 살 방을 구해야지. 바르셀로나나 파리 같은 곳은 오는 사람도 많고 가는 사람도 많아서 그런지 아파트의 방 하나를 장기 체류자에게 세놓는 게시판 같은 것이 활성화되어 있는데 이 조용한 도시에서는 그런 복작복작한 게시판을 찾아볼 수 없었다. 있다고 해도 너무 핀란드어라서 해석할 엄두도 나지 않는다. 구글 검색에는 죄다 비즈니스맨을 위한 깔끔하고 코피 터지게 비싼 아파트만 나와서 좌절하고 있던 차, 어쩌다 핀란드 치고는 꽤 저렴한 방이 하나 보였다. 시내에서 걸어서 오 분 거리에 위치한, 사진상으로는 꽤 멀쩡해 보이는 방. 날짜를 슬쩍 입력하고 결제를 눌렀더니 예약 완료. 음? 이렇게 간단해도 되나? 정말로 나는 몇 주 뒤면 헬싱키 대성당 앞 계단에 앉아 지지 않는 해 아래서 기타를 퉁길 수 있단 말인가? 오래 꿈꾸던 것을 이렇게 몇 번의 클릭으로 얻어도 되는가 말이다. 나는 어리둥절했다.

비행기에 타서도 어리둥절했다. 모니터에 보이는 비행항로를 한참을 바라봤다. 정말 아홉 시간 후에 나는 헬싱키 반타 공항에 내리나? 내렸다. 바닥도 벽도 온통 원목이었다. 그제야 조금 실감이 났다. 화장실 외벽에까지 나무를 저렇게 아낌없이 사용하는 걸 보면 여기가 숲의 나라 핀란드가 맞긴 맞구나 싶었다. 신나 하기엔 아직 헤쳐 나가야 할 관문이 많았다. 한 달 치 짐이 들어 있는 트렁크도 너무 무거웠고 아파트 열쇠를 받으러 부동산 회사에 가야 하는데 그게 간단치가 않았다. 서울로 치면 명동 롯데백화점 옆 골목에 있는 것이 아니고 강서구 등촌동 어디 큰길가에 있는 상황이랄까. 그래서 관광객들이 많이 타는 버스에 타고 관광객들이 많이 내리는 장소에 내릴 수 없는(줄줄 따라가기만 하면 얼마나 편해), 로컬들만 타는 버스에 타서 로컬들만 내리는 정류장에 내려야 하는 상황이었다. 그런 주제에 내가 갖고 있는 것은 고작 부동산 사무실 주소와 버스 노선 몇 개를 적은 쪽지 하나. 아아. 나는 또 나 자신을 너무 과신했다. 한 손에는 커다란 트렁크를 비장하게 잡고 다른 한 손에는 쪽지를 비장하게 들고 전혀 알아듣지 못하는 핀란드어 안내방송을 온 힘을 기울여 들으며 창밖을 뚫어져라 바라보는 나의 비장함이 등판을 뚫고 나와 버스 안을 감쌌는지 아줌마 아저씨들이 하나둘 나를 도와주길 시작했다. 여기에 가려면 저기에 내려야 돼. 아니야, 거기서 내려도 돼. 이런 내용으로 추정되는 대화를 심각하게 하시더니 몇 정거장 뒤에 내리라고 친절히 가르쳐주셨다. 불쌍한 관광객은 관심을 먹고 삽니다. 아니 생존합니다. 감사합니다. 덕분에 맞는 정류장에 내렸지만 여기서 버스가 가던 방향으로 걸어가야 사무실이 있는지 아니면 역방향으로 가야 하는지 그걸 알 수 없었다. 짐이 없다면 동네 산책이나 할 겸 어느 쪽

이든 걸어갔다 오면 되지만 짐 때문에 방향은 신중히 정해야만 했다. 지금 생각해보면 데이터 사용료 만 원이 뭐 그리 무서워서 악착같이 핸드폰 로밍을 켜지 않았나 싶지만 그땐 나름의 원칙이었던 것 같다. 조심스레 버스 순방향으로 길을 걷기 시작했다. 생각보다 날씨는 화창해서 조금 덥게 느껴질 정도였고 길거리는 굉장히 한산했다. 부동산을 못 찾으면 오늘 잘 곳이 없다는 불안감에 마음이 닫혀 있어 그 한산함이 스산하게 느껴졌다. 그렇게 부동산 사무실에 가서, 안내해주는 귀여운 아가씨의 미소에 불안이 잠시 걷히고, 키를 받으려면 기다려야 한다는 말에 근처 카페를 찾아 헤맸으나 카페가 없어 결국 덩치 큰 핀란드인들이 낮술을 하는 바에서 텁텁한 커피를 한 잔 했고, 그렇게 열쇠를 받아 비슷한 불안과 아까와 별 다를 바 없는 초라한 쪽지를 가지고 버스에 타서 비슷한 우여곡절 끝에 한 달을 보내게 될 아파트 앞에 나는 도착하게 된 것이다.

위치는 정말 좋았다. 오 분만 걸으면 정말 시내였다. 아, 방 사진은 조금 사기였다. 핀란드인들 순박한 줄로만 알았는데 광각으로 뻥도 칠 줄 아는구나 싶었다. 조금 이상할 정도로 한쪽으로 긴 직사각형의 방이었다. 천장도 이상할 정도로 높았다. 싱글침대는 정말 작아서 나야 괜찮았지만 다른 서양인들은 과연 괜찮을까 싶었다. 싸구려 스탠드가 하나 있었지만 창가에 놓으니 꽤나 운치가 있었다. 방에 정을 붙이기 위해 작은 초와 푹신한 슬리퍼를 하나 샀는데 좀 도움이 된 것 같다. 텔레비전이 있었지만 말을 몰라서 거의 틀지 않았다. 무엇보다 창문이 커서 좋았다.

하우스쉐어 형태의 집이어서 조금은 기대도 했다. 하우스 메이트들과 거실에서 텔레비전을 보며 안부도 묻고 하루 일과도 나누고 맛있는 것도 같이 먹고 그런 상상을 사실은 몰래 했습니다만…….

일단 집에 들어오자마자 거실이 없다는 사실에 작은 충격을 받았고 복도에서 우연히 마주친 거구의 남자에게 '하이'라고 작은 목소리로 인사를 건넸지만 내가 작아서 안 보인 건지 목소리가 작아서 안 들린 건지 아주 작은 확률이지만 영어를 못해서 부끄러워서 그랬는지 내 인사에 답도 없이 자기 방으로 쓱 들어갔다는 사실에 또 충격을 받았다. 순진했던 나의 남자 셋 여자 셋 판타지는 안녕. 저런 성분 모를 사람들이랑 같이 지내야 하다니 무서움이 몰려와서 화장실을 한번 쓰는 데도 한동안 용기가 필요할 정도였다. 핀란드어로 '남자' '여자'를 몰라서 어떤 칸에 들어가면 좋을지 모르겠어서 공포가 더 가중됐다. 인터넷 사전에서 남자, 여자 단어를 찾아서 확신에 가득 찬 채로 오른쪽 화장실을 이용하고 있었는데 어느 날 오른쪽에서 어딜 봐도 남자인 인간이 훅 튀어나와서 그땐 정말 비명을 지를 뻔했다. 지금 생각해보면 왼쪽을 누가 쓰고 있었는데 사정이 급했나보지…… 싶지만.

우리 골목 얘기를 좀 해볼까. 건물 1층에는 무지개깃발 찬란하게 빛나는 게이 바가 있었다. 외로움이 밀려올 때 가끔 거기 테라스에 앉아 커피를 마시면 옆자리 다정한 그리고 취한 게이들이 말도 걸어줬다. 스위티 너 핸드폰 그렇게 놓으면 사람들이 가져가. 핀란드 사람들은 몹시 정직하고 믿을 수 있지만 만에 하나 누군가 가져갈 수도 있잖니? 그러니 조심하렴. 스위티 너의 하얀 아이폰을 지켜야 해. 너는 취향이…… 아 그래 그래 스트레이트구나. 하하하. 나는 사실은 돈이 많아, 하지만 내 남자친구는 나를 돈 보고 만나는 것 같아…… 잊어버려 나는 지금 많이 취했어 스위티……. 맞은편엔 유명한 바가 있었는데 항상 장사가 잘되고 사람들이 북적였다. 나는 샌드위치를 먹으러 종종 갔는데 유명해질 만한 맛이었다. 하지만 장사가 잘되는 바라는 말인즉슨 술 먹고 새벽에 노래 부르는 놈들도 많다는 뜻이다. 그리고 나는 바로 맞은편 2층에 사는 사람이었기에 피해를 직격으로 입을 위치였지만 사실 열에 아홉은 싫지 않았다. 가끔은 내려가서 같이 부르고 싶을 정도였다. 나는 헬싱키에서 정말 엄청나게 외로웠다.

헬싱키는 아무 잘못이 없었다. '발트 해의 아가씨'라는 별명처럼 헬싱키는 하얗고 정갈하고 예쁜 도시였다. 누군가에게 막연히 가지고 있던 호감을 친해지면서 점점 확인해나가는 것처럼 나는 헬싱키에게 갖고 있던 실체 없는 애정을 매일 조금씩 확인해나가는 기분이었다.

여름 햇살은 여기 사람들이 자부심을 가질 만했다. 공기가 맑아서 그런지 필터 없이 쨍하게 내리쬐는 느낌이었는데 공기가 습하지 않아 상쾌하기만 했다. 그늘에만 가면 바로 서늘해지는 것도 신기했다. 백야 기간이라 밤 열시가 넘어도 낮처럼 밝았다. 짧은 밤이 오기 전 매일같이 펼쳐지는 노을도 일품이었다. 밤이 되어도 완전히 캄캄해지지 않고 하늘은 짙은 남색을 띄었다. 그 빛이 묘해서 나는 매일 한참을 바라보았다.

산책하기도 좋은 도시였다. 어디에도 교통체증은 없었고 공원은 두 블럭에 하나 꼴로 있었다. 제일 대표적인 공원은 시내 한가운데로 길게 뻗은 에스플라나드 공원이다. 작은 무대도 있고 카페도 있고 아이스크림 가게도 있고 벤치도 많이 있었다. 그곳에서 사람들은 잔디밭에 앉아 곰이 그려진 1리터짜리 맥주 캔을 손에 들고 여름을 만끽하고 있었다. 좋은 풍경이었다. 그 공원의 끝에는 항구가 있다. 항구라도 바닷물은 맑았다. 여기는 뭐든 엄청나게 맑았다. 하늘도 바다도 물도 공기도. 항구에는 종종 시장이 섰는데 거기서 체리 같은 걸 한 움큼 사서 어디 벤치에서 먹으면 꿀맛이었다. 멍하니 앉아 커다란 크루즈 선들이 오고가는 걸 바라보았다. 항구 뒤편엔 헬싱키 대성당이 있다. 이 하얀 성당은 참 예쁘다. 전형적인 유럽 성당들이 하느님의 권능을 보여주려는 듯 압도적인

VIKING LINE

느낌이라면 헬싱키 대성당은 품어주는 느낌이다. 대성당 앞 계단에 앉아 있으면 바다도 보이고 하늘도 보이고 헬싱키 시내도 조금 보여서 참 좋아했다. 하지만 한국에서 꿈꾸던 것처럼 기타를 가져가서 치지는 않았다. 막상 나와보면 그런 상상이 얼마나 번거로운 것인지 알게 된다. 기타는 역시 방에서 치는 게 제일인 것 같다. 굳이 기타를 들고 나와서 옆에 있는 사람들을 의식하면서 치면 나오려던 노래도 들어갈 것 같아서 실행에 옮기지 않았다. 대신 나지막하게 노래는 몇 번 부른 것 같다. 사람들에게 들리지 않게.

여행자는 흘러간다. 이곳 저곳으로, 이 숙소 저 숙소로, 이 사람 저 사람들 사이로. 강물이 흘러가면서 바위도 만나고 나뭇가지도 만나고 넓어졌다 좁아지고 굽어졌다 펴지는 것처럼 힘들어도 흐르는 것이 묘미다. 하지만 한 달이라는 시간을 한 장소에서 보내는 것은 여러 가지로 애매하다는 사실을 난 여기에 와서 알게 되었다. 여행자처럼 보낼 수도 없고 현지인처럼 뿌리를 내리기엔 또 너무 짧은 시간이다. 처음에는 내가 잘못된 건가 싶었다. 이 아름답고 완벽한 도시에서 나는 왜 이렇게 무기력한 시간을 보내고 있나. 이렇게 시간을 하루하루 낭비해도 되나. 그렇게 꿈꿔왔는데 왜 기뻐서 방방 뛰지 않나 죄책감마저 들었는데 결국 나는 똑같다는 사실을 깨달았다.

서울에 있든 헬싱키에 있든 지구 어디에 있든 나는 나다. 한때는 장소가 바뀌면 내 때가 씻겨나가는 듯한 기분도 들었다. 착각이 아니라 정말 씻겨나갔던 것 같다. 하지만 그런 시기는 이제 지난 것 같다. 잊고 나아가는 에너지가 아닌 돌이켜보고 가라앉는 에너지가 내 안에 있었다. 나는 투명하고 조용한 헬싱키에서 사실은 별로 보고 싶지 않은 내 지도를 실컷 바라보고 오려고 맞춰보았다. 그 과정은 하나도 즐겁지 않았고 위에서도 말했지만 더럽게 외로웠다. 그 와중에 3집에 실릴 노래를 몇 곡 썼다. 〈네가 없었다면〉이라는 노래는 3집의 첫 트랙이 되었다. 이 노래는 어쩌면 헬싱키에 가지 않았으면 쓰지 못했을지도 모른다. 그리고 이 노래가 없었다면 3집은 저런 모양으로 나오지 않았을지도 모른다. 그때 헬싱키에 가는 게 맞았냐고 누가 내게 묻는다면 곧바로 '네'라고 대답할 순 없겠지만 그때의 내가 그 시간 그 장소에서만 얻을 수 있던 것이 있었다는 것은 안다. 그래서 나는 아마도 조금 늦게 하지만 분명히 '네'라고 대답할 것이다. 모든 여행은 떠나보지 않으면 모른다.

오지은 / 뮤지션. 1981년 서울에서 태어났다. 〈지은〉 〈3〉 등 앨범을 발표했으며, 2010년 여름에는 '오지은과 늑대들'을 결성해 활동했다. 음악과 동시에 번역을 병행하여 『커피 한 잔 더』 『토성맨션』 등을 우리말로 옮겼으며, 2천 킬로미터에 달하는 홋카이도 기차 여행을 다녀와 『홋카이도 보통열차』를 썼다.

한 달간 세계 어디든 원하는 곳에서 살 수 있는 기회가 생긴다면 사람들은 어디에서 무얼 하고 싶어 할까.

노란 횟집

글 | 요조

공항도로를 착실하게 달렸다.

공항이 나오자 보란듯이 외면하였다.

여행자의 얼굴을 하고선 공항을 그냥 지나쳐버리는 나를 주시하는 사람은 아무도 없었지만, 여러 사람을 속인 듯 혼자 통쾌했다.

해가 지고, 날이 어둑해졌다.

오른쪽으로 보이던 바다가 점점 보이지 않게 되었다.

가로등이 띄엄띄엄 서 있는 해안도로를 달렸다. 멀리서 조그마한 노란 불빛이 깜깜한 공기 위에 부표처럼 떠 있었다.

/ 저거야. 노란 간판.

남자친구가 말했다.

간판은 타원형이었다. 타원형 안에 이름이 적혀 있는데

그 이름은 지금 기억이 나지 않는다.

작고 허름했기 때문에 믿음이 가는 외관이었다.

우리는,

회를 먹으러 가는 길이다.

사진 / 윤지예

/ 이제 삼십대인데 아직까지 회를 못 먹는다는 건, 솔직히 창피한 거야. 넌 창피한 줄 알아야 돼.

아직 이십대였던 남자친구는 심심하면 내게 면박을 주었다.

연애할 때는 내가 못난 게 미덥다.
'이것도 못해, 이것도 못 먹어, 이것도 몰라' 하면서 사랑하는 사람에게 혼나는 일은 즐겁다. 언제나 혀를 쯧쯧 차면서 내가 못하는 걸 뚝딱뚝딱 해주었으면 좋겠고, 언제나 내가 모르는 걸 미주알고주알 알려주었으면 좋겠고. 사랑하는 사람과 함께 있으면 본능적으로 내 안에서 어떤 수문 같은 게 철컹 닫힌다. 성장은 멈추고 애처럼 된다. 정해진 사랑의 임무를 완수하면 수문은 다시 저절로 열리고 막혔던 것들이 갑자기 무지막지하게 콸콸 쏟아져 들어온다. 연애가 끝나고 나면 갑자기 십 년은 늙어버린 기분이 드는 게 그래서일지도 모르겠다. 나는 회를 못 먹는 것으로 그에게 반년이 넘게 복에 겨워 혼나고 있었다.
세뇌라는 것은 무섭다. 삼십대가 되는 것과 회를 먹을 줄 알게 되는 것 사이에는 아주 조금의 상관관계가 없는데도 불구하고 '정말 이

제 삼십대인데 회를 먹을 줄 아는 사람이 되어야 하지 않을까' 하고
생각하기 시작했다. 그리고 마침내 결심했다.
그게 며칠 전 일이다.

/ 처음 시작하는 거니까 맛있는 데서 먹어야 해. 그래야 진짜 맛을
알지.

횟집 미닫이 문을 열며 남자친구가 말했다. 다섯번째 듣고 있다.
안에는 주방장 겸 사장 겸 종업원인 듯한 아저씨뿐이었다.
다른 손님은 없었다.

/ 허이, 오랜만이네.

아저씨가 나를 먼저 봤다가 남자친구에게 인사하고 다시 나를 보
았다. 남자친구는 예에, 잘 지내셨죠~ 하더니 말을 이었다.

/ 제 여자친구예요, 얘가 사실 회를 못 먹는데요. 오늘 삼십대가 된
기념으로 회를 가르치려고 데리고 왔어요. 일단 초밥부터 시작하는

게 좋을 것 같으니 초밥 몇 개 해주세요.

/ 안녕하세요.

쭈뼛거리며 인사했다.

주방장은 아, 하더니 사라지고 조금 있다가 연어초밥을 들고 다시 나타났다.

/ 일단, 시작은 이것부터.

잘 먹겠습니다, 하고 나는 먹었다.

사람들과 이런저런 대화 중 회가 화제에 올라 '회를 좋아하세요' 하고 물으면 열에 아홉은 없어서 못 먹는다고 대답했다. 네, 좋아해요. 그냥 깔끔하게 대답하는 사람이 좀처럼 없었다. 없어서 못 먹는다고요? 없긴 뭐가 없어요, 널린 게 횟집이잖아요, 하고 대꾸하고 싶은 기분이 든 적이 한두 번이 아니다. 우리나라에는 횟집이 너무 많다.

바닷가에 가면 그런 생각이 더 심하게 든다. 아주 아주 옛날에 집에서 텔레비전을 보는데 외국의 어떤 해변가가 나오고 있었다. 그때 옆에 있던 어린 동생과 나눈 대화가 아직도 생생하게 기억난다.

/ 언니.
/ 응.
/ 외국 해변은 저렇게 다 근사해?
/ 그럴걸.
/ 우리나라는.
/ 우리나라는?
/ 횟집만 있는데.

/ 어때?

남자친구가 눈을 빛내며 물었다. 주방장도 눈빛으로 같은 것을 물었다. 두 남자의 부담스러운 기대가 나에게 어떤, 책임을 느끼게 했다. 국민학교 때까지 나는 책임감 있는 학생이었다.

사진 / 윤지예

성적표에는 늘 책임감이 투철하다는 표현이 적혀 있었다(중학교부터는 이야기가 조금 달라져서 결국 고 2 때 담임에게 '사회악'이라는 소리를 듣고 말았지만. 그때 성적표에는 '개성이 강함'이라고 완곡하게 적혀 있었다. 그 부분에 대해서는 담임에게 고맙게 생각하고 있다). 나는 국민학교 시절 책임감이 투철하던 6년간의 경력을 힘들게 살렸다.

/ 역시 맛있는 데는 다른가봐요. 저처럼 회를 못 먹는 사람도 맛있다고 느껴질 정도니까요.

주방장의 어깨가 신나 보였다.
그 시간을 기점으로 광어니 뭐니 나도 모르는 초밥들까지, 마구마구 내왔다. 나는 그걸 정말 갸륵하게도 다 먹었다. 책임감의 맛.
내가 열심히 잘 주워먹자, 주방장이 말했다.

/ 처음인데 이렇게 잘 먹어주니까 기분이 너무 좋아요. 이것도 한번 도전해볼래요?

고등어 초밥을 내왔다.

사진 / 김민채

비린내 때문에 회를 좋아하는 사람들 중에서도 잘 먹지 못하는 사람이 많다고 덧붙이면서(이때 남자친구가 '맞아. 나도 고등어는 잘 못 먹겠더라' 하고 말했다), 내가 오늘 아가씨 먹는 걸 보니까 고등어도 먹을 수 있을 것 같다면서.
결론부터 말하자면 나는 먹었다. 아니 삼키는 데 성공했다. 손가락 두 마디만한 생선 한 조각이 뿜어내는 비린내는 강렬했다. 눈물이 핑 돌았다.

남자친구는 좀 감동한 것 같았다. 삼십 년간 날생선을 입에도 대지 않던 사람이 자기 때문에 고등어까지 삼키는 모습을 본다면 솔직히 나라도 감동했을 것이다. 그는 아무 말 없이 나를 꼬옥 안았다. 주방장은 수고했다는 듯 내 어깨를 두어 번 치고 사라졌다가 연어초밥을 들고 다시 나타났다.

/ 고등어 성공하면 일단 게임 끝.

엄지손가락을 치켜들고 주방장은 다시 사라졌다.
무슨 산전수전 다 겪은 사람이 된 듯한 기분이 들었다. 고등어의 터

널을 지나고 나니 서비스로 나온 연어초밥은 그냥 껌이었다. 넋이 나간 표정으로 아무렇지도 않게 입에 넣었다.

그때의 경험은 굉장히 고무적이었다.
그날 이후 횟집에 가면 주구장창 오이와 당근만 깨작거린다든가, 매운탕에 회를 넣어 익혀 먹어서 사람들로부터 진상 소리를 듣는다든가 하는 일 없이, 어느 정도 분위기에 맞춰 아무렇지 않게 몇 점 집어먹을 수 있는 수준이 된 것이다. 심지어 초밥은 연어나 광어 같은 것은 맛있다는 감각에까지 도달할 수 있었다.

두 달 뒤인가, 우리가 그 횟집에 다시 갔을 때 친구와 함께 있는 H를 만났다. H는 남자친구의 선배이자, 나의 바로 전 애인이기도 했다. 그 점이 나나 남자친구를 한동안 불편하게 했다. 오히려 불편해하지 않았던 것은 H였다.

/ 뭔가. 미안하기도 하고. 쪽팔리기도 하고.

언젠가 두 손으로 머리통을 감싼 채 이런 말을 했을 때 H는 대단하게도 날 위로했었다. 살면서 그런 쪽팔리는 경험 한두 번쯤 있는 거라고, 아예 없는 것보다 나은 것 같다고.

/ 재밌잖아.

H가 씨익 웃으며 말했었다. 얼마 지나지 않아 우리는 셋이서도 종종 편하게 만나는 사이가 되었다. 섹스할 때 나의 신음소리가 너무 크다고 두 남자가 동시에 낄낄거리는 모습을 망연자실 바라보면서 그때 H가 말한 재미가 이런 건가 싶었다.

H는 손을 번쩍 들어 반갑게 인사했다. 자연스럽게 합석했다. 같이 있던 사람을 회사 동료라고 소개하고, 이런저런 안부를 묻고 사는 이야기를 화기애애하게 나누었다. 잠시 후, 커다란 접시에 회가 담겨 나왔다. 나는 아무렇지 않게 회 한 점을 집어서 초장을 찍어 입에 넣었다.

H가 그것을 보았다.

/ 너. 회 못 먹잖아.

/ 근데 이제 먹어.

내가 쑥스럽게 말했고, 남자친구는 의기양양하게 어깨를 으쓱했다.

/ 내가 먹으랄 때는 죽어도 안 먹더니.

H가 중얼거렸고 우리는 다 같이 웃었다.

두 시간 뒤, 술에 취한 H는 횟집을 아수라장으로 만들었다.

요조 / 1981년 서울에서 태어났다. 〈동경소녀〉 〈우리는 선처럼 가만히 누워〉 〈Vono〉 〈Color of City〉 〈1집 Traveler〉 〈모닝 스타〉 등의 앨범이 있다. 5년 만에 정규 2집 〈나의 쓸모〉로 돌아왔다. www.yozoh.com

'이것도 못해, 이것도 못 먹어, 이것도 몰라' 하면서 사랑하는 사람에게 혼나는 일은 즐겁다.

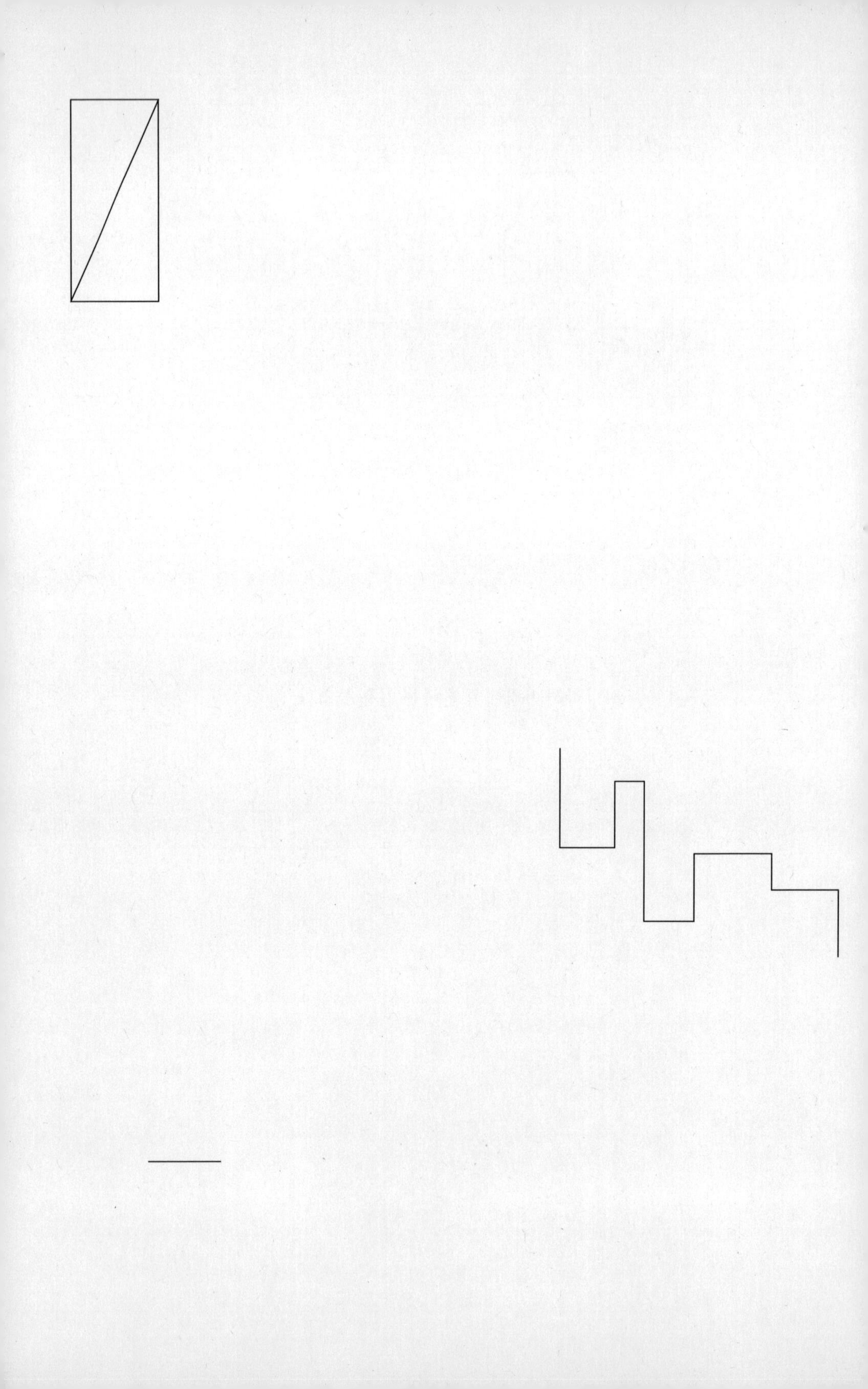

가을날의 환상-떠났으나 떠나지 않은

- 차이코프스키 교향곡 1번 G단조 Op.13의 부제, 〈겨울날의 환상Winter Daydreams〉을 차용

글, 사진 | 위서현

음악을 직업으로 하고 있지 않지만, 음악과 함께하는 것이 나의 일이다. 10년 동안 아나운서로 일하면서 7년째 매일같이 클래식FM 스튜디오 문을 열고 들어가고 있으니, 음악을 듣고, 음악을 배우고, 음악을 피부처럼 아끼고, 음악을 좋아하는 이들에게 음악을 배달하는 일이 나의 직업이자 삶이 된 까닭이다.

전부터 클래식 음악을 좋아하기는 했지만, 도이치 번호니 쾨헬 넘버니 작품 번호를 읽는 방법도 잘 몰랐고, 로린 마젤Lorin Maazel과 빌헬름 푸르트 뱅글러W. Furtwangler가 같은 곡을 어떻게 다르게 지휘했는지 가려서 들을 줄도 몰랐다. 모차르트 〈피가로의 결혼Le nozze di Figaro K. 492〉의 익숙한 아리아가 들리면 흥얼거리며 따라 부르고, 영화 〈아웃 오브 아프리카〉나 〈쇼생크 탈출〉에 아는 클래식 음악들이 나오면 반가워했고, 혜화동 카페에서 우연히 카잘스의 첼로 연주를 만나면 운치 있는 곳이라고 좋아하며, 쇼팽의 빗방울 전주곡을 듣게 되면 손가락으로 괜스레 피아노 건반을 치는 시늉을 하며 들었다. 클래식을 좋아하기는 하지만 잘은 모른다고, 언젠가는 마음먹고 공부해보고 싶다고 생각에만 그쳤다. 마치 한 권의 두꺼운 책을 사서는 '다음엔 처음부터 끝까지 차분히 다 읽어봐야지' 하면서도 시간이 없고, 여유가 없다는 핑계로 좋아하는 구절만 찾아 띄엄띄엄 읽는 식이랄까. 음악을 즐기는 데 있어서 지식에 매이는 것만큼 어리석은 일은 없다고, 음악이란 순수한 즐

김만으로 충분하다지만, 그건 취미로 들을 때의 이야기였다.

클래식음악을 좋아하던 아버지 덕분에 어릴 때부터 우리 집 전축은 주파수가 늘 93.1MHz에 맞추어져 있었고, 때문에 나에게 클래식FM이란 역사와도 같은 라디오, 역사와도 같은 채널이었다. 그런데 바로 같은 주파수, 그 DJ가 이야기하던 스피커에서 나의 목소리가 나오게 될 줄이야. 음악을 좋아하는 마음만으로는 설 수 없는 자리였다. 그리하여 한동안 음악을 수동적으로 '듣는' 것이 아니라, 능동적으로 '배워야'만 했다. 단순히 듣는 것이 아니라, 음악 속으로 깊이 걸어 들어가야 했다. 그렇게 1년이 흐르고, 5년이 흘렀다. 음악의 깊은 시간들이 조금씩 내 삶 속으로 배어들고, 음악이라는 거대하고 깊은 세계가 조금씩 스며왔다.

음악이란 일상의 배경음악처럼 흘려들을 수 있지만, 때로는 한 권의 거대한 책을 읽듯 천천히 세밀하게 들어야 하고, 때로는 이성을 내려놓고 온몸으로 들어야 한다. 그 시대의 살아 있는 베토벤이 되어 그의 교향곡 5번을 듣는다면, 피아노 앞에 앉은 루빈슈타인이 되어 쇼팽의 연습곡들을 들어본다면 그저 편안하게, 수족관 물고기를 바라보듯 들을 수는 없게 되는 것이다. 그러한 방식으로 듣기 시작하면 음악은 비로소 여행이 된다. 지도를 펼쳐놓고 여행지를 고르듯 음반 앞에서 가고 싶은 곳을 고르는 것이다. 음악과

SONY
DYNAMIC STEREO HEADPHONES
Professional
LOC
ON
LEVEL
OVL

함께 눈을 감으면 나를 둘러싼 공기는 시대를 거슬러 오르고, 공간을 가로지른다. 한 번도 가보지 못한 유럽의 아늑한 전원 속으로 들어서기도 하고, 시끌벅적한 페르시아의 시장 속에 서보기도 했다. 그것은 상상력이 만들어내는 허구의 공간이 아니다. 음악으로 이어진 시공간의 통로다. 신들린 듯 종이 위에 음표를 그려나가던 작곡가들의 정신이 음악 속으로 녹아들고, 그 음악이 현실의 공간에서 재현되면, 그 순간 음악 속에 잠들어 있던 세계는 언제든 다시 펼쳐지는 것이다.

음악을 배우는 동안 깨닫게 된 것이란 실은…… 이루 말할 수 없이 참 놀라운 것이었다. 음악이란 본래 듣는 것이 아닌, 겪는 것임을, 한 곡의 음악마다 작곡가의 거대한 세계가 세워져 있음을 그리고 그 세계를 이해하려는 연주자들의 혼을 바친 노력이 늘 함께 한다는 사실을. 보이지 않는 세계에 옷을 입혀 소리라는 형상으로 빚어낼 때마다 연주자들의 손끝에는 날선 섬세함과 열정이 꽃물처럼 배어든다는 것을……. 그것은 쉽게 스쳐 들었던 음악들을 심장으로 듣는 시간들이었다. 음악에게 헌정된 수많은 영혼이 그 속에 담겨 있음을 하루하루 알게 된 시간들이었다

Tchaikovsky Manfred Symphony Op.58

Riccardo Muti cond. Philharmonia Orch. (1981, 킹즈웨이 홀, 런던)

오늘은 차이코프스키 〈만프레드 서곡〉 음반을 준비하였다. 쉽지 않은 여행이 될 것이다. 여행이 너무 곤혹스럽거나 지칠 때를 대비하여 핫초콜릿 한 잔을 곁에 두었다. 1981년 런던 킹즈웨이 홀. 리카르도 무티 지휘의 필하모니아 오케스트라의 연주.

이 음반에 손이 가기까지는 쉽지 않다. 잘 알려진 곡이 아닌 만큼 익숙한 선율에 쉽게 마음을 얹기도 어려울뿐더러, 쏟아지는 불협화음 속에 홀로 기암괴석으로 이뤄진 산중을 헤매는 기분이 들기 때문이다. 가끔 마주하는 절경에 마음을 빼앗기기도 하고, 한순간 외로움과 황량함에 젖게 되기도 하며, 어느 절벽에서 발을 헛디딜지 몰라 두려움과 불안에 시달릴 수도 있다. 어찌되었건 CD 플레이어 속으로 음반이 들어간다. 이제 곧 하나의 새로운 공간이 열릴 것이다. 그곳으로 들어갈 준비를 마쳤으니 눈을 감는다. 그리고 PLAY.

역시나 첫 음부터 불편하게 펼쳐진다. 험준한 길로 들어서기 위한 준비의 시간 따위는 주지 않는다. 울퉁불퉁한 돌덩어리로 둘러싸인 산중으로 나는 바로 들어선다.

이 곡은 차이코프스키의 4번 교향곡과 5번 교향곡 사이. 번호 외의 교향곡으로 그가 모스크바 마이다노보Maidanovo라는 시골에 정착한 시기에 지은 곡이다. 고전에 관심이 많은 이라면 '만프레드' 라는 이름이 생소하지만은 않을 것이다. 슈만 또한 같은 이름으로 작곡한 〈만프레드〉는 바로 바이런의 시 「만프레드」를 표제로 삼아 만들어진 작품이다. 중세 알프스 산의 성주 만프레드는 지식과 믿음을 겸비한 인간이었지만, 회의의 지옥에 떨어져 알프스의 마녀로부터 마술을 배운다. 그러나 이것으로도 구원에 대한 희망을 갖지 못하게 되어 죽을 곳을 찾아 헤매던 중, 알프스의 주신主神 아리마네스의 궁전에 이른다. 그리고 여기서 여신 네메시스를 만나 그녀의 신비한 능력으로 아스탈테의 영혼을 다시 만난다. 아스탈테는 만프레드의 사랑의 배신을 견디지 못하고 자살하고 만 여인이다. 만프레드는 다시 만난 그녀에게 구원을 간절히 청하지만, 죄는 용서받지 못하고 죽을 때가 다가왔음을 알게 될 뿐이다. 죽음의 혼령이 그를 맞이하러 왔을 때, 만프레드는 절망과 회의의 생애를 마친다.

바이런의 극시 「만프레드」는 3막 10장 3천여 행에 달하는 장대한 작품인데다, 신화의 상징과 이야기가 복잡하게 얽혀 있다. 차이코프스키의 〈만프레드 서곡〉을 이해하기까지의 과정이 만만치 않은 이유다. 하지만 바이런의 시를 모르고, 이 음악의 제목이 〈만프레드 서곡〉이라는 것조차 모른다고 해도 상관은 없다. 마법사와 산속 요정을 믿는 다섯 살짜리 꼬마 아이도 이 음악을 들으면 눈이 바로 동그래져서는 기괴한 느낌과 불안, 긴장, 흥분과 같은 여러 가지 감정을 느낄 것이다. 바로 음악의 힘이다. 나 또한 이 곡에 대한 배경 지식 하나 없이 처음 들었을 때, 첫번째 악장만 들었음에도 기암괴석으로 둘러싸인 산속 풍경이 펼쳐지고, 그 길을 혼자 헤매는 것 같은 두려움과 불안에 휩싸였으니 차이코프스키는 그리고 음악은 역시 대단한 것이다. 차이코프스키는 이 작품을 완성하고 카시킨에게 이렇게 전했다고 한다.

"〈만프레드〉 때문에 내 수명이 1년이나 단축되었네."

어떤 하나의 작업을 끝내고, 나의 수명이 단축되었다고 느낄 만큼 내 모든 피와 살을 담아본 적이 언제였던가. '내 인생 최고의 작품은 바로 이것이다'라고 자부할 만큼 나의 모든 혼과 진을 다하였던 적은 또 언제였던가. 차이코프스키의 농담에 선연히 비치는 그의 피와 땀의 냄새가 음악 사이로 진동한다. 하나의 교향곡에 쏟은 그의 영혼의 냄새가 〈만프레드 서곡〉 속 현악기들의 울림만큼이나 가득하다.

16분 동안 연주되는 1악장은 무턱대고 험한 산중을 헤매는 만프레드의 이야기로 시작한다. 사랑했던 연인 아스탈테와의 추억과 짙은 상념에 괴로워하며, 남은 것은 오직 기억뿐이라는 주제 속에 두렵게 헤맨다. 어디 만프레드뿐이겠는가. 살면서 겪는 커다란 상실감은 제자리에 머무는 것을 못 견디게 한다. 심장을 파헤치는 듯한 거친 괴로움은 무작정 길을 나서게 만들고, 그 존재가 사라졌음을 알면서도 찾아 나서게 만든다. 상실은 그렇게 나침반조차 잃은 방황을 부르는 법이다.

2악장은 8분 동안 이어진다. 1악장의 절반밖에 되지 않는 연주 시간이지만 괴로움과 방황으로 물든 이전보다 신비로움이 더하여진다. 기괴한 암석들로 사방이 둘러싸인 산중에서 만난 폭포수는 고요한 물안개를 퍼트리고, 한 줄기의 찬란한 무지개를 드리운다. 멀리서 들려오는 하프 소리가 그 신비로운 희열을 폭포수처럼 펼쳐낸다. 폭포가 만들어낸 무지개의 신비로움과 그 속에 등장하는 알프스의 요정. 그 섬세한 장치란……. 차이코프스키의 천재성에 감탄하지 않을 수 없는 순간이다. 음악을 듣기만 해도 눈앞에 선명히 펼쳐지는 이러한 풍경은 바이런의 시에 적힌 그대로이기 때문이다. 바이런의 시를 먼저 읽든, 차이코프스키의 음악을 먼저 듣든, 절묘하게 서로를 묘사해낸 그 예술혼에 경탄하고 만다.

그 시절 차이코프스키는 바이런의 시에 등장한 만프레드로부터 자신을 발견했을 것이다. 1884년 무렵 그는 만프레드처럼 방황하고 두려운 산속을 홀로 헤매는 듯 방황하는 시간을 보내고 있었기 때문이다. 바이런의 극시를 읽어 내려가며, 차이코프스키는 자신의 영혼을 그 안에 이입했을 것이다. 만프레드와 함께 고통받고, 방황하고, 바닥까지 추락하였다가, 끝내 이해받음으로써 스스로를 구원한 차이코프스키. 자신의 황량하고 두려움에 젖은 마음을 그 안에 실어 펼쳐냄으로써 다시 일어설 수 있었을 것이다.

BOOM
Cacao boom
EMI
TCHAIKOVSKY
MANFRED SYMPHONY
RICCARDO MUTI
Philharmonia Orchestra

DIGITAL RECORDING
2311-
00847
EMI
TCHAIKOVSKY
MANFRED SYMPHONY
RICCARDO MUTI

Tchaikovsky: 'Manfred' Symphony
DIGITAL

차이코프스키의 방랑의 시간이 담긴만큼 〈만프레드 서곡〉은 불협하다. 불안한 영혼이 그곳에 내내 자리해 있다. 어두운 환상 속에서 길도 없이 방향도 없이 바람에 그저 휩쓸리듯 떠도는 영혼이다. 음산한 우울로 가득찬 이 곡을 듣기란 말러의 곡만큼이나 큰 용기를 필요로 한다. 내면에 겨우 잠재워둔 불안, 갈 곳을 모르는 공포, 심지어 지옥의 길로 가는 예감을 건드리는 선율이다.

자, 어떻게 할 것인가. 이 〈만프레드 서곡〉을 들을지 말지는 순간의 선택이다. 내면세계에서 숨죽이고 있는 거대한 그림자를 한 번 마주할 자신이 있다면 1악장부터 시작해볼 일이다. 마음에 들지 않아 속히 음반을 내려놓는다 하여도 할 말은 없다. 삶의 어느 순간을 멈춰놓고, 자신의 내면세계를 급작스레 거울로 들여다본다면 이 곡과 꼭 같을지 모르겠다. 정리되지 않고 기괴하며 불안한 얼굴, 평안함과 신비로운 아름다움에 잠시 눈이 팔리기도 하지만 끝내 난장판처럼 어지러운 모양새. 하지만 그 세계를 있는 그대로 담아낸 〈만프레드 서곡〉이 아름다움을 완성해내듯, 삶은 결국 어지러운 난장 자체로 아름다운 것이다.

4악장의 중반부로 치닫는 순간, 음은 요사스러워지고 만다. 지옥의 난장판이다. 그럼에도 아름답다. 현악기가 예리하게 어루만지는 실체는 실로 슬프게 아름답다. 어둠 속의 무지개처럼 현란히 빛난다. 그리하여 4악장이 끝나갈 무렵, 만프레드와 함께한 여행을 제대로 마쳤다면 누구라도 눈물을 흘리지 않을 수 없다. 그것은 1악장부터 4악장 중반에 치닫기까지의 불안한 영혼과 동행한 사람만이 누릴 수 있는 찬란한 눈물이다. 그 두렵고 긴 여정을 용기 있게 겪어낸 사람만이 겸허하게 수긍할 수 있는 차분함이다. 차이코프스키의 〈만프레드 서곡〉은 삶의 그림자다. 이 음악이 불안한 채로 아름다운 것처럼, 우리들의 삶과 그림자 또한 불안한 채로 아름다울 수 있다. 바로 그 지점이 우리를 지극히 위로한다.

어둠 속에서 4개의 트랙이 다 했다는 표시가 깜빡인다. 58분 13초의 연주. 58주 13일의 시간 같은 여행이 끝났다. 부드러운 의자에 앉아 음악을 들었을 뿐인데, 다리는 지치고 마음은 갈증이 난다. 이쯤 되면 음악은 단순히 듣는 것이 아니라 겪는 것이라는 말에 전적으로 끄덕이게 된다. 삶의 거친 여정이 상징처럼 담겨진 이 곡을 들으며, 긴 여행을 떠났다가 돌아온 듯한 안도감을 느끼고 만다.

후우……

바람이 고파 길을 나섰다. 마침, 돌아온 계절은 가을이었다. 삶의 지친 얼룩들을 말갛게 씻겨줄 만큼 말간 바람이 분다. 음악이 있어 다행이다.

위서현 / KBS 아나운서. 1979년에 태어났다. 연세대 대학원에서 심리상담학을 공부했다. KBS NEWS 7, 2TV 뉴스타임 앵커, 1TV 〈독립영화관〉 〈세상은 넓다〉, KBS 클래식FM 〈노래의 날개 위에〉 〈출발 FM과 함께〉 등을 진행했다. 최근 『뜨거운 위로 한 그릇』을 펴냈다.

음악과 함께 눈을 감으면 나를 둘러싼 공기는 시대를 거슬러 오르고,

공간을 가로지른다.

빨래

글, 사진 | 이대범

'처음'을 말해야 겨우 존재하는 소멸 직전의 거리를 걷는다. 꿰맨 자국이 완연한 인천 중구는 오히려 '처음'으로 가득하다. 나는 그곳에서 구겨진 신문지를 생각한다. 이른 아침에 배달된 신문은 하루살이만큼의 생을 살고, 아니 그보다 짧은 생을 살고, 폐기처분되는 씁쓸한 운명의 장난을 매일 견뎌야 한다. 늦은 오후 흩날리는 텍스트 사이로 오롯이 존재하는 꿰맨 자국에 시선이 간다. 매혹적이다. 조용히 우거진 주름의 날섬을, 깊이를, 부피를 매만진다. 침잠하던 웅얼거림이 수줍게 자신을 드러낸다.

알려지지 않은 소요가 구겨진 신문지에 있다.

*

'처음'으로 시간을 고정하려 했기에, 시간은 발화하지 못하고 켜켜이 쌓인다. 그러는 사이에 누군가는 떠났고, 누군가는 왔다 간다(그리고 누군가는 머문다). 언제, 어떻게, 어디로 떠났는지 모를 일이다. 그럼에도 그곳에는 지난 시간에 대한 자국이 곳곳에 선명하다. 망부석처럼 그때 그 모습을 간직하고, 지난 시간을 묵묵히 꿰맨다. 훔치지 못한 눈물 자국이 얼굴에 선명하게 남아 있다. 어제도, 그 전날에도, 또 그 전날에도 그곳에서 흘렸을 눈물이 자신도

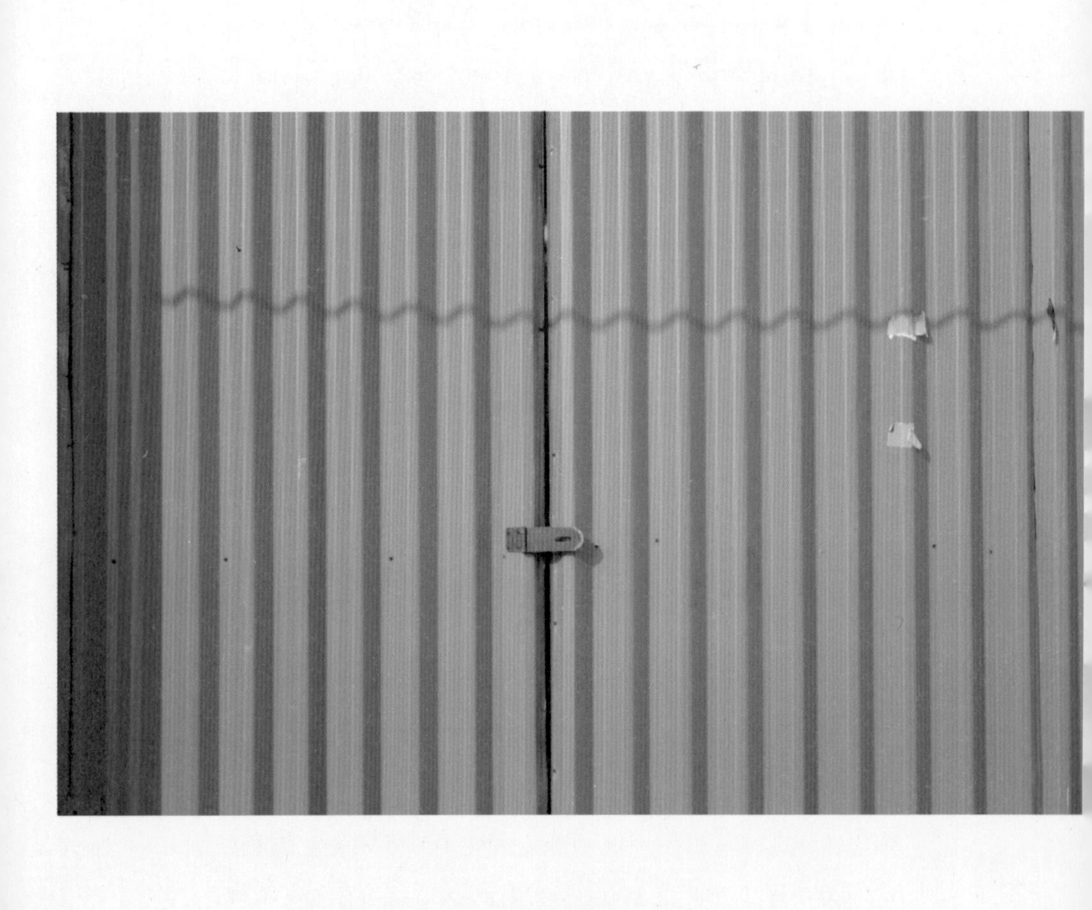

모르게 틈새를 생성한다. 벌어지고, 갈라지고 아스러진 그 틈새에 오늘도 비가 내린다. 포효하지 못한 웅얼거림으로 가득하다. 그리움을 곱씹으면 씹을수록 주름은 늘어만 간다. 상처는 아물지 못하고 눈물로 덧난다. 느릿한 굶주린 고양이가 스스로를 분장하고 빗속을 거닐며 대신 칭얼거린다.

"억지로 운 게 아니에요. 그치만 참아야겠다고 생각하지도 않았어요. 뭐라고 말은 못하겠지만 내가 그 애를 이해할 수 있다는 느낌이 들었다고요."

- 영화 〈고양이를 부탁해〉 태희의 대사 중에서

*

훔치지 못한 눈물을 바람이 다독인다. 시린 눈망울을 쨍쨍한 빛이 어루만진다. 틈새의 내밀한 곳까지 후비고 들어간 바람과 빛은 그들의 이야기를 가만히 듣는다. 축축했던 몸의 웅얼거림이 나지막하고 느리게 재생한다. 온몸을 짓이기며 내뿜던 그들의 한숨은 여전하면서도 사그라든다.

뚝.

뚝.

뚝.

한 음절, 한 음절 쥐어짜낸다. 바람이 불고 빛이 비춘다. 또다시 한 음절, 한 음절 쥐어짜낸다. 또다시 바람이 불고 빛이 머문다.

'처음'에 멈춰 있던 시간이 서서히 다시 흐른다. '처음' 이후 지속되어왔지만, 인지하지 못했던 그 흐름을 바람과 빛이 이어나간다.

쓸모없어 버려졌다고 생각했던 사물이

다시,

움.직.인.다.

*

누가 무엇을 하며 얼마나 입었었는지 모를 옷들이 나부낀다. 커다란 창문틀에 지난밤을 보낸 이불이 늘어져 있다. 스쳐 지나가던 바람과 빛이 거리로 나온 빨래에 걸터앉는다. 어색한 첫인사가 오간다. 바람과 빛이 축축한 물기에 등을 대고, 주름과 주름 사이를 오가며 말을 건다.

바람과 빛이 묻는다.

빨래가 답한다.

바람과 빛이 듣는다.

빨래가 묻는다.

바람과 빛이 답한다.

빨래가 듣는다.

서로가 서로를 수용한다.

인정과 경청을 통해 한 편에 켜켜이 쌓아두었던 이야기들이 펼쳐지고, 서로의 답을 추렴한다.

*

"어휴, 인생 그렇게 살지 마라."

"그럼 어떻게 살아야 되냐? 고등학교 다니는 네가 한번 가르쳐줘 봐라."

- 영화 〈똥파리〉 연희와 상훈의 대사 중에서

中國食
도시가스

39
LPG

인천 중구, 구겨진 신문지, 날선 주름, 훔치지 못한 눈물, 잰걸음의 바람, 쨍쨍한 빛, 느릿한 살찐 고양이 그리고 빨래. 이 모든 것들은 으스러지며 설움을 태우던 나의 또다른 이름이자, 잃어버린 나이다. '잃어버린 것은 다시 찾을 수 있다.'(잃어버렸다는 것은 알고나 있나? 안다면 나는 무엇을 잃어버린 것일까? 그것을 먼저 알아야 하는 것이 아닐까)

가장 찬란했던 그 언젠가를 회고하는 것은 쉽다. 날선 주름을 매만지는 것은 아리다. 내 눈에 오롯이 박힌 아림을 통해 나를 조금씩 유일하게 찾는다. 파인 틈새를 후빈다. 바람이 분다. 빛이 스민다. 빨래처럼 그들에게 모든 것을 맡긴다.

*

남겨진 신발 하나가 대문을 지킨다. 빨래와 동행한다.
하루가 저문다.

이대범 / 1974년 서울에서 태어났다. roundabout의 일원으로 미술 관련 글을 쓰고 전시를 기획한다. 매연 가득한 영등포의 한 동네에서 태어나, 신세계백화점, 롯데백화점, 경방필백화점을 뛰놀며 자랐다. 자정 무렵 허름하지만 절박한 '쉼'을 매매하는 장면을 목격하고 뛰지 않고 걷기 시작했다. 뜻밖의 일들이 나를 찌르기를 소망하며 오늘도 걷는다.

한 음절, 한 음절 쥐어짜낸다. 바람이 불고 빛이 비춘다.

또다시 한 음절, 한 음절 쥐어짜낸다. 또다시 바람이 불고 빛이 머문다.

두 개의 풍경

글, 사진 | 이우성

하나의 풍경

비행기는 왜 혼자 날까? 창밖은 어두운 물질뿐이었다. 죽음은 보다 구체적일 것이다. 내가 이 사실을 어떻게 알고 있을까? 지구 밖의 사람처럼.

시점

독수리 떼가 하늘을 덮으며 날았다. 허구였다. 바다는 뒤척이는 이불 같았다. 사람들은 더워서 이불 속으로 들어갔다. 그리고 이내 이불을 차고 모래로 돌아왔다. 그녀가 지나갔는데…… 나는 중얼거렸다.
엄마는 이곳에 온 이후로 웃지 않았다. 엄마는 모처럼 꿈을 꾸지 않고 잠을 잤다고 아침마다 말했다. 엄마는 수십 년간 밤마다 꿈을 꿨다. 꿈을 꿔서 잠을 설칠 때보다 지난 며칠 더 불안해했다. 엄마는 모든 것이 아이러니여서 계속 앉아만 있었다. 함께 해변으로 나가도 모래 위에 앉아만 있었다. 엄마를 두고 걷다 뒤를 돌아보면 엄마는 마치 바다 멀리 보이는 작은 돌멩이 같았다.
엄마가 꿈을 꾸지 않자 내가 꿈을 꾸었다. 아침에 눈을 뜨면 꿈이 더 선명해졌다. 그리고 모든 일이 이어서 일어났다. 내 손을 놓고 멀어지던 그녀가 모래 위에 있었다. 그녀가 계속 멀어졌다. 꿈속에서 그랬듯 나는 현실에서도 보고만 있었다. 엄마는 멈추지 않고 작아졌다. 바람이 세게 불면 나는 엄마를 일으켜 세우고 방으로 돌아왔다. 모래가 되면 엄마를 찾을 수 없기 때문이다.
저녁식사 때마다 엄마는 맑은 색 국을 끓였다. 매일 다른 국이었다. 하지만 모두 맑은 색 국이었다. 엄마는 바다를 바라보던 때와 비슷한 표정으로 국 속을 들여다보았다. 엄마의 눈에서 어둠이 떨어졌다.

고요라는 공간

엘리스. 그녀를 그렇게 불렀다. 어쩌면 엘리스는 이별 후에 내가 느껴야 했던 감정일지도 몰랐다. 엘리스 엘리스. 어느 한 시점 이후로 엘리스가 사라졌다. 공백은 선명한 공간이다. 찬 밤에 손바닥으로 팔을 쓰다듬을 때 잠시 가만히 느껴지는 온기 같은 것. 새벽처럼 세계가 윤곽을 찾는 것. 가득 차 있으며 담을 수 있다.

보이는 소리

그녀는 사진을 찍으려고 하자 고개를 돌렸다. 내가 말했다. 왜? 곧 잊을 텐데. 그녀가 말했다. 그리고 어느 날 기억하겠지. 사진 때문에. 눈으로 보고 눈으로 기억해. 눈으로 잊고. 사진 속에서 우리는 변하지 않지만 기억 속에서 우리는 변하잖아. 변하는 우리를 알아보는 건 눈뿐이야. 그녀는 해변에 앉아 모래 위에 작고 네모난 상자를 그리면서 뒤로 조금씩 물러났다. 네모난 상자들이 이어졌다. 그건 관처럼 보였다. 이어진 관은 길 같았다.

보는 능력

그녀는 자신이 가진 이상한 능력에 대해 이야기하며 그곳에 없는 것 같은 표정을 지었다. 나는 그녀의 손가락을 잡았다. 그녀의 능력은 추측이었다. 그녀는 목소리를 듣고 사람의 얼굴을 그릴 수 있었다. 그녀와 리우데자네이루 해변으로 여행을 갔을 때 그녀는 그 능력을 보여주었다. 그녀는 소금에 절인 것처럼 짠 티본 스테이크를 자르며 레스토랑에서 흘러나오는 노래를 들었다. 그리고 그녀는 그 노래를 부른 가수를 그렸다. 그사이 나는 옆자리의 점잖게 생긴 신사에게 가수의 이름을 물었다. 검정색 테로 된 안경을 쓴 신사는 잠시 생각에 잠긴 표정을 짓더니 마르셀로, 마르셀로,라고 두 번 힘주어 대답했다.

나는 로밍한 스마트폰으로 검색을 시작했다. 여러 명의 마르셀로가 검색됐다. 그중 한 명은 엘리스가 그리고 있는 얼굴과 비슷했다, 아니 똑같았다. 엘리스는 얼굴의 윤곽을 그리고 이마의 주름을 긋고 코를 그리고 입을 그렸다. 그녀는 눈은 그리지 못했다. 눈은 없는 공간 같은 느낌이 들어서 그릴 수가 없어. 나는 엘리스에게 그녀의 눈을 그려서 보여주어야겠다고 생각했다. 펜을 쥐자 그녀의 눈이 보이지 않았다. 하지만 그녀가 그리지 못한 것이 더 있었다. 그것은 바로 피부였다. 정확하게 적자면 피부의 색이었다. 마르셀로는 흑인이었다. 그리고 그날 그녀에게 말하지 않았지만 그녀가 그린 건 그 노래를 부른 가수가 아니라, 같은 이름을 가진 배우였다.

결국 그렇게 했다

열대어들은 잘 있을까? 엄마가 말한다. 언젠가 엄마가 여행을 마치고 돌아왔을 때 엄마는 집 문을 열자마자 거실의 작은 사기 그릇으로 달려갔다. 열대어들이 죽었어. 나는 줄곧 집에 있었으면서 그 사실을 몰랐다. 엄마는 사기 그릇 속으로 빨려 들어갈 것 같았다. 빠져 죽으려는 여자처럼. 열대어처럼.

샘이 자기는 굶어도 열대어들 밥을 주겠다고 했잖아. 그러니까 걱정 마. 만약 샘에게서 비보를 알리는 전화가 온다면 엄마는 저 바닷속으로 망설임 없이 들어가고 말 것이다. 새 열대어들을 사온 날 엄마는 말했다. 예전에 길렀던 열대어들과 얼굴이 똑같아. 엄마는 집에 있던 열대어들이 그 수족관으로 간 것 같다고 말했다. 엄마는 그렇게 믿었고 결국 열대어들을 그렇게 대했다.

어두워지자 바람이 온다. 엄마의 몸이 떨린다. 엄마는 춥지 않다고 말한다. 나도 안다. 엄마는 추워서 몸을 떠는 게 아니다. 불꽃이 날아다닌다. 내가 말한다. 빨간색 열대어야! 엄마는 웃는다. 나는 엄마와 호텔로 돌아온다.

바람이 붉은 열대어를 물고 사라진다. 바다

가 보이는 창가에서 엘리스는 말했었다. 해변을 달리자. 같이. 그렇게 말하는 그녀는 희미해지고 있었다. 나는 절대 그녀와 해변을 달리지 않으리라고 다짐했다. 그래서 지금 이곳에 다시 와 있다. 나는 결국 그렇게 한 것이다.

상자의 나라 그리고

상자 안에 과거가 있다. 모든 것들의 과거가. 나는 상자 안에 엄마와 엘리스를 집어넣는다. 상자를 들고 걷는다. 발이 지워지는 것을 느낀다. 모래에 앉아 상자를 열고, 상자를 펼친다.
상자 안은 어두워지고 있는 해변이었다. 소년들이 축구를 하고 있었다. 노란색 옷을 입은 팀과 파란색 옷을 입은 팀의 경기였다. 노란색은 브라질 홈 유니폼 색이고, 파란색은 브라질 어웨이 유니폼의 색이다. 소년들은 쉬지 않고 슛을 쏘아댔다. 말들이 상자 밖으로 쏟아진다. 나는 그 말들을 발음할 엄두가 나지 않는다. 나는 미안하다.
얼굴은 안경을 벗은 상자.
하지만 격렬함을 증명하는 건 소리다.

신

엄마는 숨을 헐떡이며 말했다. 저렇게 큰 상이 어떻게 여기까지 올라왔을까? 38미터나 된다는데. 1미터를 겨우 넘는 나도 이렇게 힘든데. 엄마는 꼬르꼬바도 언덕 정상까지 걸어서 올라왔는데도 스스로를 대견해할 겨를이 없었다. 엄마는 거대한 예수상처럼 팔을 벌리며 말했다. 신이 있다는 증거야. 엄마는 종교가 없다. 엄마는 종교란, 존재하지 않음을 매 시간 증명할 뿐이라고 늘 말했다. 그런 엄마가 이제 와서 신의 발끝 앞에라도 서고 싶어진 걸까?
엘리스와 이곳에 올라올 때는 빨간색 기차를 탔다. 그때 예수상은 신이 존재한다는 증거가 아니었다. 금방인데 뭐. 신이든 인간이든 우리보다 뛰어난 개체는 얼마든지 있다고. 그러니까 당연히 우리보다 쉽게 올라갔겠지. 게다가 우리는 두 시간이나 기다려서 기차를 탔잖아. 엘리스는 예수상을 등지고서야 보이는 이파네마 해변에 더 정신이 빼앗겼다. 그녀는 신을 믿었다. 저 물을 봐. 신이 없다면 누가 저걸 만들었겠어? 그녀는 팔을 벌리는 시늉을 하더니 나를 안았다. 검정색 새들이 날아다녔다. 꼬마가 연필로 그어놓은 선 같았다. 엘리스도 그 선을 보았을까? 엘리스가 지워지고 가장 먼저 떠오른 건 그 선이었다. 그것이 엘리스가 영원히 사라졌다는 증거였다.

Where are you from? 사교성 좋아 보이는 흑인 남자가 나를 보고 웃으며 말했다. 사진 찍어줄까요? 엄마는 웃으면서 고개를 끄덕였다. 엄마는 핸드폰을 카메라 모드로 설정하고 남자에게 건넸다. 엄마는 내 팔을 잡아끌었다. 그곳에서 다시 사진을 찍는다는 게 믿기지 않았다. 남자는 서둘러 사진을 찍고 핸드폰을 건네고는 사라졌다. 사진 속에 내 얼굴은 없었다. 그러나 목부터 그 아래는 선명했다. 엄마의 인위적일 정도로 검은 머리카락 위로 검은 새들이 선을 긋고 있었다. 서로 이을 수 없는 선이었다. 엄마는 천천히 숨을 내쉬며 말했다. 이제 가야지. 살아서 저 아래까지 내려갈 수 있을까? 나는 두 팔을 벌려 엄마를 안아주고 싶었다. 하지만 대부분의 경우가 그렇듯 그때는 그렇게 하지 못했고 지금은 엄마가 옆에 없다. 그러니까 이건 별로 놀라운 일이 아니다.

엄마의 열쇠

짐을 싸는데 문 두드리는 소리가 났다. 문을 열었더니 호텔 직원이 초콜릿을 건넸다. 체크아웃하시죠? 도와드릴 건 없나요? 나는 호텔 주변이 왜 이렇게 시끄러워졌는지 물었다. 그는 말했다. 잉글랜드 축구 대표팀이 이 호텔에서 묵는대요. 지금쯤 공항에 도착했을 걸요. 아마 3대 0으로 브라질이 승리할 거예요. 우리에겐 네이마르가 있거든요. 네이마르는 며칠 전 고국의 정든 팀

을 떠나 스페인 바르셀로나 팀으로 가겠다고 발표했다. 네이마르에게 이 경기는 조국의 프로팀 선수로 뛰는 마지막 경기가 될지도 몰랐다. 문을 닫고 침대에 앉았다. 사이렌 소리가 들렸다. 창밖을 내다보았다. 하늘이 마치 지구의 첫날처럼 맑았다.

네이마르는 움직이는 자신보다 빠르다. 가끔 텔레비전에서 보면 그는 자신을 세 걸음쯤 뒤에 두고 달린다. 물론 네이마르는 두 사람이 아니다. 잠깐 다른 곳을 보고 있으면 그는 사라지고 없다. 스물세 살인 이 어린 선수는 더 어릴 때부터 유럽 명문 구단의 러브콜을 받았다. 하지만 비교적 오래 고국의 프로팀에서 뛰었다. 리우의 해변에서 공을 차며 노는 소년들을 보고 나는 그를 이해할 수 있을 것 같았다. 그가 어디에 가든 그가 있던 곳보다 그를 행복하게 하지 못할 테니까.

엄마는 지워졌다. 영원히. 의사는 엄마가 오래전에 다른 곳으로 들어가는 문의 열쇠를 가지고 있었을 거라고 말했다. 하지만 엄마는 내 옆에서 천천히 지워졌다. 나는 그 모습을 다 보았다. 엄마가 완전히 지워지기 며칠 전 내가 말했다. 엄마, 우리는 많은 시간을 함께 보냈는데 못한 일이 있었네. 그것은 이별이었다. 정확하게 말하면 이별을 보는 것이었다. 엄마도 나도 서로에게 그 이별에 대해 정확하게 말할 수 없다.

네이마르는 영국과의 경기에서 세 골을 넣었다. 경기가 끝나고 그는 그라운드에 앉아 울었다.

아이러니

저 비행기는 떠오르는 중일까, 가라앉는 중일까? 엄마가 물었다. 비행기는 완만한 선을 그리며 날고 있었다. 우리는 서서 한동안 비행기를 보았다. 정답을 알 때까지.

엘리스가 우리와 함께 있었을 때 엄마는 자주 엘리스의 머리카락을 쓰다듬었다. 이것 좀 보렴. 손바닥에 금가루가 묻어나는 거 같지 않니? 엄마는 한때 자신도 정오의 햇살로 만든 머리카락을 갖고 있었다고 말했다.

하지만 밤은 엄마가 아니라 엘리스에게 먼저 찾아왔다. 엄마에게도 나에게도 그리고 엘리스에게도 갑작스런 밤이었다. 엄마는 이 사실을 담담하게 받아들였다. 나는 그럴 수가 없었다. 어쩌면 그래서 엄마는 그래야만 했었을까……. 그리고 며칠 동안 엄마는 잠을 자지 않았다. 씻지도 않았고 먹지도 않았다. 엄마는 엘리스가 쓰던 안경을 오래전부터 엄마의 안경이었던 것처럼 쓰고 있었다. 세상의 모든 걸 봐두려는 사람처럼. 하지만 눈을 크게 뜨고 봐도 찾을 수 없는 게 있었다.

빛이 셀 수 없이 많은, 가느다란 줄의 연속이라는 걸 엄마는 그 안경을 쓰고 보았다고 말했다. 나는 그게 무슨 말인지 몰랐다. 우리는 더이상은 말하지 않았다. 왜냐하면 그것이 우리가 함께 본 이별에 대해 할 수 있는 마지막 말이었기 때문이다.

이별의 말

엄마는 마지막 순간까지 엘리스의 검정색 안경을 쓰고 있었다. 내가 안경을 벗겼다. 엄마의 눈가가 흔들렸다. 엄마는 눈을 뜰 것만 같았다. 나는 안경을 썼다. 엄마와 엘리스가 본 풍경이 내게 펼쳐지기를 바라며. 정오의 햇살이 렌즈에 부딪혔다. 얇은 선을 타고 무엇인가 움직이는 것 같았다. 그것은 소리 같기도 하고 말 같기도 했다. 나는 눈을 크게 뜨고 한동안 움직이지 않았다.

검정색 안경에 대한 마지막 기억

비행기가 멈췄다. 완전히 멈췄다. 마치 하늘의 끝이 땅이라고 알려주려는 듯이. 한 생명이 지구에 닿기라도 하듯이. 나는 검정색 안경을 벗어 렌즈를 마주보았다. 렌즈 속의 세상과 렌즈 밖의 나는 분리돼 있었다. 나는 다시 안경을 쓰고 그 속으로 걸어 들어갔다. 내 몸에서 두 개의 풍경이, 풍경의 향기가 되살아났다. 그것은 구체적인 빛이었다.

이우성 / 시인, 《아레나》 기자. 1980년 서울에서 태어났다. 2009년 《한국일보》 신춘문예에 「무럭무럭 구덩이」가 당선되며 등단했다. 《GQ》 《DAZED AND CONFUSED》를 거쳐 현재 《아레나》의 피처 에디터로 일하고 있다. 시집 『나는 미남이 사는 나라에서 왔어』를 냈다.

엄마, 우리는 많은 시간을 함께 보냈는데 못한 일이 있었네.

그것은 이별이었다.

어두운 밝은 방

글, 사진 | 이제니

그 밤에 작은 유리병 속에 들어 있던 검은 것을 기억한다. 결국 우리는 그것을 돌이라고 생각하기로 하고 각자 자기가 있던 곳으로 떠났다. 다시 만날 기약도 없이. 한 번도 만나지 않았던 것처럼. 그토록 다정한 것들은 이토록 쉽게 흩어진다. 주워 담을 수 없는 물이 마지막 말처럼 흐른다. 너와 나 사이에 작은 강이 하나 있다. 그것이 어디서부터 흘러와 어디로까지 흘러가는지 우리는 알지 못한다. 다만 어떤 물결이 있다. 다만 어떤 흐름이 있다. 누군가는 그것을 눈물이라고 불렀다. 누군가는 그것을 세월이라고 불렀다. 의식적인 부주의함 속에서. 되돌릴 수 없는 미련 속에서. 그 겨울 우리는 낮은 곳으로 떨어졌다. 거슬러 갈 수 없는 시간만이 우리의 눈물을 단단하게 만든다. 아래로 아래로 길게 길게 자라나는 종유석처럼. 헤아릴 길 없는 피로 속에서. 이 낮은 곳의 부주의함을 본다.

돌아갈 곳을 가지지 않는 인생으로 살아가고 싶다고 생각했다. 서른 즈음까지도 줄곧 그런 생각을 했던 것 같다. 그러나 인생이란 결국 돌아갈 곳을 찾기 위한 여정인지도 모른다. 어딘가에다 자기만의 방 하나를 만드는 것. 몸에 꼭 맞는 옷처럼. 말하지 않아도 모든 것을 헤아려주는 모태의 심장처럼. 다른 누구도 아닌 바로 그 자신일 수 있는 공간. 무언가를 이루기 위해 고달프게 애쓰지 않아도 되는. 자신이 자신이 아니기를, 아니 자신이 자신이기를 바라며. 오늘의 얼굴 위로 미소처럼 번지는 엷은 가면 하나를 덧씌우던 날들을 뒤로하고 자신의 맨얼굴을 어루만질 수 있는. 부족한 그대로도 충분히 빛난다고 말해주는 맑은 거울과도 같은. 많은 시절들을 낭비하고서야 비로소 얻게 되는 그런 작은 공간 하나. 긴 눈물 뒤에. 오랜 세월 뒤에.

돌아갈 곳을 찾아 방랑하는 삶. 내가 왔던 태초의 시간으로 되돌아가기 위해 방황하는 삶. 어쩌면 돌아갈 곳이 있기에 방랑을 하는 건지도 모를 일이었지만. 돌아갈 그곳이 어디인지, 돌아갈 그것이 무엇인지, 그저 어렴풋해서 알아차리지 못하고 있을 뿐. 우리가 세계의 끝에 머무르게 됐을 때 발견하게 되는 것. 그것은 완전히 낯선 무언가가 아니다. 우리가 여행의 끝에서 발견하게 되는 것은 잊고 있었던 혹은 잃어버렸던 그 무엇이다. 보이든 보이지 않든 사랑하는 무엇이 있는 한 여행은 계속된다. 어딘가에 사랑하는 누군가가 있는 한 인생은 끝나지 않는다.

많은 시절들이 지나갔다. 시절들 속에서 같은 사건들이 또다른 형태로 찾아오곤 했다. 몇 개의 어둠처럼 몇 개의 죽음이 있었다. 어딘가로 떠나서 두 번 다시 돌아오지 않는 사람들이 있다는 것. 그들은 그곳에 있고 나는 이곳에 있다. 그곳에서 그들이 멈춰버린 나이를 사는 동안 이곳에서 우리들은 늙어간다. 끝없이 끝없이.

하염없이 하염없이. 그들은 여전히 젊은 얼굴로, 변하지 않는 그 낯빛으로 우리에게 말을 건넨다. 어쩌면 인생에서 그리 많은 경험이 필요한 것은 아닐지도 모른다고.

심장을 덜 아프게 하기 위해서 나는 내가 가진 낱말들을 진통제로 쓰는 법을 익혔다. 한 줄 쓰면 한 줄 지워지는. 구심점 없이 확산되는 듯하지만 어떤 중심을 향해 모여들고 있는 문장들. 막 서른을 지나가고 있던 시절이었다. 어디든 떠나고 싶었고 어디로도 가고 싶지 않았다. 이후의 삶은 내일의 날씨처럼 명확하고도 흐릿했다. 멀고도 가까운 길의 한가운데 서 있는 느낌이었다. 매일매일 썼고 매일매일 읽었다. 밥을 먹는다. 잠을 잔다. 깨어난다. 다시 쓴다. 다시 읽는다. 글쓰기에 집중하고자 십여 년이 넘는 도시에서의 생활을 정리하고 고향이나 마찬가지인 섬마을로 돌아온 참이었다. 자기만의 동굴 속으로 침잠해 들어가듯이. 무한히 펼쳐지는 어둠을 묵상이라도 하듯이. 오래오래 내내 혼자서만 대화하던 시절이었다. 바다는 넘실거리고 바람은 펄럭인다. 돌이켜보니 지나온 날들 중 자연에 가장 가까웠던 시절이었는지도 모르겠다. 늦은 저녁, 잠에 들려고 누우면 문득문득 벅차오르는 충만함 속에서 희미하고도 덧없는 쓸쓸함이 머물다 사라지기를 반복하던 날들이었다.

그 시절 바람 같던 나의 친구는 종종 자신의 낡은 트럭을 타고 집 앞으로 찾아오곤 했다. 어떤 날은 하늘이 너무 맑아서. 어떤 날은 바람이 너무 상쾌해서. 어떤 날은 비가 와서. 어떤 날은 그저 달리고 싶어서. 이런저런 이유로 기분 내키는 대로 불쑥불쑥 찾아오곤 했지만 친구의 방문은 언제나 반갑고 좋았다. 친구의 트럭 소리가 들려온다. 2층 창문으로 머리를 내밀어 친구의 트럭을 확인한다. 겉옷을 입고 아래층으로 뛰어 내려간다. 집 앞에 멈춘 트럭은 멈추기가 무섭게 다시 출발한다. 우리는 익숙한 우리의 섬마을을 여기저기 흘러 다닌다. 목적지도 없이. 마음에 병이라도 있는 사람들처럼.

여행은 이른 아침에 시작해서 늦은 저녁에 끝나거나 늦은 저녁에 시작되어 다음날 새벽에 끝나곤 했다. 하루 정도의 산책과도 같은 짧은 여행. 미리 선곡해서 녹음해둔 이런저런 노래들이 달리는 차 안에서 끝없이 흘러나온다. 섬마을의 해변길을 낡은 트럭이 달릴 때 창을 통해 겨울의 바람이 불어들고 먼 하늘로부터 연지색 노을이 번져나간다. 어딘가로 끝없이 흘러가는 느낌들. 우리는 지나간 모든 것들과 다가올 모든 것들을 지나쳐가는 그 모든 풍경들 속으로 대입해보곤 했다. 난 편집증 환자일지는 몰라도 안드로이드는 아니야. 기계음 사이로 폭발하는 기타 프레이즈가 덧입혀지고. 깨어질 듯 심약한 천상의 목소리가 노래한다. 슬픈 건 아름다운 거야. 아름다운 건 슬픈 거야. 막연한 불안감 속으로 부서질 듯한 아름다움의 감각들이 드문드문 끼어들던 시절.

눈먼 할머니를 만난 것은 그런 어느 날이었다.

그 방은 부드러운 어둠으로 가득했다. 희고 얇은 문풍지 사이로 바깥의 빛이 새어 들어온다. 눈먼 할머니는 어둠 속에 가만히 앉아 있다. 어슴푸레한 그 공간에서의 모든 사물들은 익히 보아왔던 그 자신의 외양에서 벗어나 있는 것 같았다. 사물의 그림자가 물러난 자리엔 제 자신의 본질이라는 듯 단순하고도 단단한 흑과 백의 색채만이 감돈다. 잠든 눈꺼풀 속에서 반짝거리는 내면의 별을 보듯이. 어둠 속에서 하나둘 공기의 입자들이 내려앉는 모습이 뚜렷하게 보인다. 침묵 때문이었을까. 침묵에게도 색깔이 있다면 그것은 천상의 빛에 가까운 그 무엇이리라.

마음을 뜨겁게 하는 것들은 언제나 타오르듯 어렴풋하다. 마음을 밝히는 것들. 빛나면서 사라지는 것들. 언제나 지나간 뒤에야 목격하게 되는 그 어두운 밝은 빛을 무엇이라 이름 붙일 수 있을까. 진실에 속하는 것들이 대개 그렇듯 그 방 역시 어떤 어렴풋한 빛을 띠고 있었다. 나는 오래도록 그 빛을 마음에 품어 왔었다. 꿈이었을까. 꿈이 아니었을까. 꿈이어도 좋다고 생각했다. 아니, 꿈속의 꿈에서만 만날 수 있는 곳이라고 생각했다. 먼 하늘의 별을 바라보듯 그날의 불빛을 다시 떠올린다.

친구는 미리 준비해간 음식들을 할머니가 차려 내온 상 위에 올려놓는다. 연락 없이 와서 죄송해요. 그런데 또 이렇게 연락 없이 와야 할머니가 이것저것 만드는 수고를 안 하시죠. 할머니는 마땅히 내놓을 게 없어 어쩌냐고 하시면서도 이것저것 많이도 내어오셨다. 모서리 없는 나무 식탁의 동그란 가장자리를 때때로 쓸어내리면서. 쓸쓸하고도 담담한 손짓으로 어서 먹으라고 말하면서.

한나절 정도만 머무르려고 했었는데 며칠을 머무르게 되었다. 같이 있으면서 어느덧 나는 할머니를 닮아갔다. 시간에 대한 감각이 점점 희미해지고 있었다. 그것은 세상 속의 일이었다. 어두워지면 자고 밝아오면 일어난다. 할머니는 할머니만의 암흑 속에서 할머니만의 낮과 밤을 살고 있었다. 할머니만의 낮과 밤은, 그 자신의 절제된 습관, 어떤 부드럽고도 단호한 의지를 드러내 보이고 있었다. 할머니만의 빛이 그 오랜 어둠의 세월 속에 드리워져 있었다.

Ligne8

할머니와 마주 앉아 아침을 먹는다. 다 먹은 뒤 상을 들고 나가 바깥 부엌에서 설거지를 한다. 제가 있을 동안이라도 좀 쉬세요. 하는데도 할머니는 옆에 서서 무언가를 하신다. 씻은 그릇을 제자리에 엎어놓거나 젖은 수건으로 아궁이를 닦는다. 이후로도 무청을 손질한다거나 오래 말려 바삭해진 버섯과 과일을 빻아 가루로 만들거나 한다. 몇 가지의 일을 끝낸 뒤에야 방 앞에 딸린 길쭉하고 좁은 나무 마루에 앉아 햇살을 쬔다. 나란히 앉은 나와 할머니는 말이 없다. 말없이 한나절이 간다. 말없이 훌쩍 며칠이 지나간다.

세상의 빛을 잃는다는 것. 사랑하는 사람들의 얼굴을 보지 못한다는 것. 하늘을, 바다를, 나무를, 바람을 더이상 보지 못한다는 것. 내 몸 하나 누일 자리조차 가늠할 수 없다는 것. 눈을 대신할 다른 감각을 익히기까지. 어둠에 익숙해질 때까지. 어둠이 빛과 그리 다르지 않다는 것을 알게 될 때까지. 할머니는 보이지 않는 그 눈으로 무엇을 바라보았을까. 나란히 앉은 할머니의 옆 얼굴은 낮의 햇살 속에, 밤의 어둠 속에 반쯤 잠겨 있다. 그 얼굴에 드리워진 것은 다른 그 어떤 빛이 아니다. 어제의 말도 아니다. 어제의 환영도 아니다. 스스로 밝혀나가는 오늘의 빛. 지금 다시 새롭게 피어나는 그 모든 그림자들의 빛.

벨라 타르의 흑백과 닮은 그런 빛. 시詩 그 자체라고 느껴지던 그 느리고 긴긴 풍경들. 그 도저한 흑과 백. 고행이라 할 만한, 그 지독한 반복에 대해서 생각한다. 마치 사드의 『소돔의 120일』의 그 페이지와 페이지 사이에서 느껴지던 그런 감정들. 지독한 반복으로 인해 페이지의 문장들이 무화되면서, 죽음 직후에 보게 된다는 아득한 흰빛이라도 보듯, 그 모든 페이지가 시적으로 느껴지던 그런 느낌들. 무언가 극에 달하면, 궁극의 궁극까지 밀어붙이게 되면 펼쳐지는 그런 순간의 순간에 만나게 되는 빛.

결국 인간에게 필요한 것은 아주 적은, 최소한의 불빛일 텐데. 한 줌의 불빛. 인간에겐 언제나 그 최소한의 불빛이 부족하고. 그리하여 우리는 그 결핍을 채우듯 다가올 기미조차 없는 불빛을, 있다고 느껴지는 없는 불빛을, 없다고 느껴지는 있는 불빛을, 미리 끌어당겨서 살아간다. 마음의 눈으로 그것을 보면서. 내내 견디면서. 하나의 시詩를 증명하듯이. 끝간 데 없이 반복, 반복해가면서. 죽을 때까지. 죽고 나서도.

빛 속에 있었던 시절을 떠올리며 어두운 방에 앉아 있다. 아주 작고 네모난 방 한가운데에서. 무언가로부터 물러난 듯한 자세를 취하며. 그 밤 유리병 속에 들어 있던 검은 것을 기억해내려 애쓰면

서. 검은 것은 흰 것. 흰 것은 검은 것. 기억나지 않는 이유로 우리는 작별했다. 그리하여 기억나지 않는 그 이유로 우리는 각자의 삶을 다시 시작할 수 있을 것이다. 얼마 지나지 않아 그 선택을 후회하겠지만. 그 기나긴 후회 뒤에 우리의 선택이 옳았다는 것 또한 다시금 깨닫게 되리라 생각하면서.

그 겨울, 눈먼 할머니의 어두운 방에서 나는 몇 가지 다른 종류의 흰 꽃을 보았다.
사람들은 각자 자신들의 나라에서 자신의 길을 간다. 각자 함께. 함께 각자.
흰 여백처럼 아름답게. 검은 글씨처럼 슬프게.

우리는 결국 그곳에 이르게 될 것이다.
내내 찾아 헤매는 한. 어느 날의 꿈처럼.

이제니 / 1972년 부산에서 태어났다. 2008년 《경향신문》 신춘문예에 시 「페루」로 등단했다. 2010년 시집 『아마도 아프리카』를 출간하고, 2011년 제21회 편운문학상 우수상을 수상했다. 텍스트 실험집단 〈루〉 동인으로 활동중이다. http://hippiee.com

결국 인간에게 필요한 것은 아주 적은, 최소한의 불빛일 텐데.

한 줌의 불빛.

창문을 열고

글, 사진 | 장연정

창문 너머로 보이는 풍경.
이따금씩 문을 열어 카메라 셔터를 누르기도 하고, 그 단단한 차가움에 기대 잠시 기대어 눈을 감기도 한다. 스르르 전해지는 엔진의 울림. 창문 밖의 풍경 하나하나를 담고 지우며 나는 여행을 가는 중이다.

창가 자리를 선호하는 것은 어떤 본능 같다. '네가 창가 자리에 앉아' 하는 말만큼 커다란 호의도 없다는 생각이 종종 들기도 할 만큼. 그러니까 우리는 창문 밖으로 펼쳐지는 끝없는 풍경의 색채에 목말라 있는지도 모른다. 좀처럼 벗어날 수 없는 회색빛 현실과는 좀 다른 풍경을 꿈꾸는 일. 여행은 늘 그 꿈의 연장선에 있다. 내가 움직이지 않아도, 창밖의 풍경은 늘 나를 어디론가 데려간다. 문득, 내가 고여 있지 않다는 사실에 안도한다.

비행기를 타든 버스를 타든, 창가 자리에 앉는 것은, 그것 또한 여행의 일부라는 사실을 느끼기 위해서다. 시시각각 변화하는 하늘을 보거나, 낯선 지명을 달고 있는 표지판을 지날 때, 내가 사는 곳에는 없는 수종의 나무를 만나거나 살짝 열었던 문틈 사이로 불어오는

낯선 바람의 냄새에 절로 감탄이 쏟아져 나올 때, 나는 지난 얼마간의 수고로웠던 삶의 괴로움들을 비로소 달래줄 수 있다. 생활의 방향으로 나 있던 창문을 살며시 닫고, 새로운 공간으로의 창문을 슬며시 여는 순간. 여행은, 그렇게 밖을 알 수 없는 창문에 달린 커튼을 열고 틈사이 지어진 빗장을 풀고 새로운 공기를 마시는 순간의 어떤 짜릿함 같은 것이 아닐까.

창가에 앉아 빛을 받으며 음악을 듣는다. 어떤 음악이든, 풍경과 만나면 새로운 색을 입는다. 유리판 사이를 넘어 고요하게 흘러가는 색깔들. 그렇게 흘러가다보면, 언젠가는 꼭 한번 들러보고 싶은 풍경을 만나기도 한다. 낯선 지명을 가슴속에 적어놓고, 언젠가 꼭 한번 들러보리라 다짐한다. 내 생의 여행 위시 리스트가 하나 늘어나는 순간이다. 비록 유명한 곳이 아니어도, 그곳에는 새로운 바람과 사람들이 살고 있을 것이다. 심심한 동네. 내가 사는 곳에서는 느낄 수 없는 억양을 가진 목소리들이 열어둔 창문 사이로 날아가고, 나는 천천히, 또 천천히 걸으며 낯선 그 길 위의 풍경에 한껏 행복해지겠지. 그렇게 풍경을 달려 목적지에 가까워진다.

숙소에 도착해 가장 먼저 보는 곳은 아마, 사람마다 다를 것이다. 어떤 이는 편안하게 몸을 누일 침대, 또 어떤 이는 지친 몸을 담글 말끔한 욕실을, 또 어떤 이는 숙소 주변의 부대시설에 집중하기도 한다.
나는 가장 먼저, 창문이다.
창문을 열고, 환기한다. 이동하는 동안 느꼈던 얼마간의 피로함이 싹 달아나는 순간이다. 정지된 낯선 풍경 속에서 많은 생각이 일어난다. 멈춰 있는 그림 속에서 끝없는 생각을 발견하듯 나는 창문 안쪽에 서서 그림 같은 창밖을 바라보며 이야기를 얻고, 듣는다.

토스카나의 와인 농가에서는 끝없이 펼쳐진 올리브나무와 포도나무들에게서, 코트다쥐르의 친구 집에서는 앞마당에 피어 있는 작은 꽃들에게서, 강원도에서는 멀고 푸른 바다에게서, 전남 신안에서는 끝없이 펼쳐진 갯벌에게 이야기를 들었다. 모두 투명한 유리창 너머에서 보이던 풍경들이었다. 보이지 않지만 어느샌가 가슴속에 알 수 없는 기호로 남겨진 이야기들. 여행에서 돌아와 그 알 수 없는 기호를 하나하나 풀고 정리하며 그 이야기들이 얼마나 소중한 것들이었는지를 깨닫는 순간은 늘, 감격스럽다. 말로 정의할 수 없던 느낌들이 하나의 노래가 지어지듯 멜로디같이 백지 위에 까맣게 놓이고 마침

내 마지막 마침표를 찍는다. 창문 너머의 풍경이 똑똑~ 노크를 하고 들어와 내 가슴속에 완전히 자리를 잡는 순간. 어디선가 휘파람 소리가 들려온다. 바람을 타고 먼 길을 돌아온 멜로디. 여행의 얼굴이다.

타국의 여행지에서 가장 외로웠던 순간은, 어딘가에 홀로 버려졌을 때나, 어떤 사건에 직면했을 때가 아니었다. 그 외로움은 따뜻한 온기를 가진 집 창문 밑에서 불현듯 찾아왔다. 식사 때가 되어 대충 한 끼 때우자,는 심정으로 근처 슈퍼에 들러 얄궂은 먹을거리를 사가지고 돌아오는 길. 골목에는 마침 저녁식사를 준비하는 집들이 풍기는 냄새로 가득하고, 열어둔 창문 틈새로는 그들만의 이야기가 들려온다. 알아들을 수는 없으나, 알 수 있는 이야기들. 초라한 비닐꾸러미를 한손에 든 채로 나는 가로등처럼 그렇게 남의 집 창문 밑에 서 있다. 식기들이 가볍게 부딪히는 소리와, 세상 어디를 가든 느낄 수 있는 엄마들의 애정 어린 호통소리, 틀어놓은 텔레비전에서는 뉴스나 스포츠 중계 소리가 이어지고 아이들의 에너지 넘치는 움직임 소리가 들려온다. 저 창을 넘어서면, 내가 서 있는 이곳과 다른 온도를 가진 풍경이 펼쳐지고 있을 것이다.

그 소소한 일상에 지쳐 떠나왔건만, 그 소소함이 이렇게 그리워질 줄이야.

마침내 골목의 가로등에 반짝~ 하고 불이 켜질 때, 나는 놀란 고양이처럼 재빨리 뛰어 숙소로 돌아와 다시, 창가에 앉아 홀로 식사를 한다. 창밖에는 하나둘 조명이 밝혀져 있고 곁에는 이방의 언어가 음악처럼 흐르는 텔레비전이 켜져 있다. 그렇게 다시 창문 '안쪽'의 사람이 되어 '바깥'에서 느꼈던 순간의 외로움을 잊어간다. 간단한 빵 조각과 치즈 그리고 맥주가 놓인 테이블 위에서 낮에 산 이곳의 풍경이 담긴 엽서를 꺼내 쓴다. 빨간 양귀비꽃이 흐드러지게 핀 엽서 위로 수많은 말들이 쓰이지 못한 채 지워진다. 창가에 앉아 밖으로 날려 보내버린 그 말들은 누군가의 가슴 안으로 내려앉게 될까. 부디 누군가는 나 대신, 사랑과 그리움을 솔직하게 이야기할 수 있는 밤이 되기를. 창문 안쪽의 내가 창문 밖을 향해 홀로 잔을 들어 건배를 한다.

다시 아침. 슬쩍 눈을 뜸과 동시에 창문을 바라본다. 그렇게 침대에 누워 깨고도 일어나지 않는다. 어젯밤의 흔적이 그대로 묻은 고요한 방안을 물끄러미 바라보며 낯선 공기의 냄새를 맡고 있다. 살짝 눅눅

한 공기의 무게를 가늠해볼 때, 밤사이 비가 왔거나 지금 내리는 중인 듯하다. 부스스 일어나 기지개를 켜고 창가로 다가간다. 역시나 비가 내리고 있다. 창문을 조금 열고 무릎을 모아 앉는다. 토로록 토로록 빗방울 떨어지는 소리.
나는 이대로, 조금만 더 있기로, 마음먹는다.
방안에는 빗방울 소리와 초침 흘러가는 소리와 나의 숨소리뿐이다. 혼자,라는 말의 충만함. 외로움, 낯섦 그럼에도 불구하고 설렘. 그런 새로운 감정들의 충만함. 그 충만함의 끝에서 행복이라는 두 글자를 본다. 나는 더욱더 깊이 나를 끌어안는다.

창가에 웅크려 앉은 지금 나의 뒷모습은 어떤 모습을 갖고 있을까. 사람의 뒷모습이란 응당 쓸쓸하게 마련이지만, 창가에 선 사람의 뒷모습은 유난히 더 그렇다. 앞모습을 볼 수 없으니, 단언하기 어렵지만 아마 대부분은 무표정으로, 수많은 감정들을 차분히 삼키려 애를 쓰고 있을 거란 생각이 든다. 그런 생각으로 나는 창가에 선 누군가의 뒷모습을 바라보는 일을 좋아한다. 짐작할 수 없는 모습을 감춘 채 커다란 물음표 하나만은 등뒤에 인 채로 창밖을 응시하는 사람들. 그들의 등뒤에 매달린 여러 개의 물음표들을 떼어내 동글동글한 말줄임표로 다시 만들어 붙여주고 싶어진다. 지금은 그저, 말을 줄여 생각을 늘여가는 시간일 뿐이라고. 창가 앞에 선 자의 마음은 그런 것이라고 말해주고 싶어진다. 저 먼 배경의 고요함과 하나의 그림처럼 서 있는 누군가의 뒷모습. 그 침묵의 시간 동안 그들의 마음은 생각이 걸어 나간 만큼, 아마 몇 발자국쯤 깊어졌을 것이다.

어제 대충 사다 먹은 저녁거리가 남아 있는 테이블 위에 커피를 놓고, 역시나 대충인 아침을 먹는다. 비가 오는 오늘은, 덥지 않아 걷기 좋을 것이다. 열어둔 창틈 사이로 여름의 더위를 식히는 바람이 불어 들어온다. 데스크에서 받아온 지도를 펼쳐놓고, 오늘의 계획을 생각해본다. 커피와 빵을 먹으며 지도를 들여다보는 사이, 어느새 먹구름 사이로 난 작은 빛줄기 하나가 테이블 위로 떨어진다. 문득 창문을 올려다본다. 찡그림. 하늘이 빛나고 있다. 얼룩이 묻은 커피잔이, 구겨진 메모지가, 오크목 테이블 위에 떨어진 하얀 빵부스러기가 순간, 반짝거린다. 나는 그것들을 하나하나 사진으로 찍어둔다. flash. 순간의 섬광처럼, 이 기억들은 언젠가 불현듯 터져 나와 지루한 내 일상을 반짝이게 만들어줄 것이다.

짐을 챙겨들고 숙소를 나선다. 시계는 정오를 가리키고 있다. 비가 내린 길은 촉촉하게 수분을 머금어 폭신하다. 뷰파인더를 통해 바라보는 풍경은 투명하고, 나는 모처럼 가볍다. 호기심이 가득 차오른 가슴을 안고 길을 따라 걷기 시작한다. 지도를 두고 왔다는 사실을 후에야 알게 되었지만, 그냥 이대로 걷기로 한다. 나는 지금, 새로운 바람이 부는 공간을 향해 열린 창문 하나를 열었다.

어릴 적, 창문은 나에게 기다림이었다. 학교를 파하고 집으로 돌아오는 순간부터 나는 창문에 매달렸다. 아버지가 돌아오는 모습과, 어머니가 일을 하러 나가는 모습을 그곳에서 먹먹한 가슴으로 지켜보았다. 그 먹먹한 느낌이 싫어 가끔 창문을 닫고, 한참을 열지 않으려 매번 노력했지만, 결국엔 늘 같은 자리에 같은 모습으로 앉아 있었다.
창을 열지 않으면, 내가 닫히는 기분이 들었다.
나는 창문 언저리에 앉아 친구들이 부르는 소리를 기다렸고, 뽑기 좌판 아저씨의 목소리를 기다렸다. 멀리서 들려오는 교회 종소리를 기다렸고, 해가 지는 모습을 기다렸다. 노을이 지는 창가에 앉아 나는 숙제를 하고, 혼자서 밥을 먹었다. 그때부터 느낀 어떤 아련함. 그 아련함을 지우고 싶을 때마다 음악을 들었고, 노랫말을 받아 적었다.

하지만 그렇게 무언가를 지우려 노력하는 일은 결국 깊이 각인되는 일에 다름 아니라는 것을 알게 되었고, 그 이후로 나는 무언가를 억지로 지우려 노력하지 않게 되었다. 그래서 창을 열고 무언가를 기다리는 대신, 더 먼 곳을 바라보았다. 점점 더 멀리 내다볼수록, 내가 가닿아야 할 곳들은 소실점 위에 명확해졌다. 꿈은 점점 확실해졌고, 가까워졌다. 그리고 그런 결과로 지금의 나는 어떤 아련함을 간직하고픈 노랫말을 쓰는 사람이 되었다. 애써 지우거나 남기려 하지 않아도, 절로 사라지거나 남아 있는 것들에 대해 이야기할 수 있게 되었다. 그렇게 모든 것은 창을 통해 나에게 왔다. 외로움도 기다림도 바라보는 일도, 결국 꿈을 찾는 일도.

성수기가 지난 여행지는 제법 차분하다. 이제야 본래 모습을 찾은 듯한 풍경. 다시 빗방울이 떨어지기 시작한다. 멀리 귀양을 와 외딴섬에 떨어져 지내며, 자신의 미래가 불안해 어쩔 줄 모를 때, 폐위된 어린 임금은 이 숲에 와 나무 위로 올라가 참았던 울음을 울곤 했단다. 그가 자주 오르곤 했다던 커다란 나무 앞에 걸음이 멈췄다. 그는 이곳에서 울며, 자신의 미래를 낙관하려 얼마나 애를 썼을까. 기적 같은 소식을 기다리지 않겠다고 다짐하며 또 얼마나 기다렸을까. 그 기

다림은 그를 얼마나 괴롭혔을까. 갑자기 눈물이 나와, 나는 얼른 우산으로 얼굴을 가렸다.

그가 머물던 집. 때로는 온종일 바라보곤 했을 방안의 창가 앞에 선다. 그에게도 창窓이란 그리움이거나, 슬픔이거나, 두려움이거나, 견딤이거나, 빛이거나 어둠이었을 것이다. 마지막, 죽음을 알리는 사자가 당도하던 날도, 그는 이 창 너머로 소식을 듣고, 무너져내리는 마음을 다시금 곧게 가다듬었을 것이다. 이 세계를 끝내고, 다른 세계를 통하는 창문을 열며 그의 눈앞에 마지막으로 보였던 것은 무엇이었을까. 그가 마지막으로 부른 이름은, 누구였을까.

비는 더욱 거세지고, 나는 그가 유배되어 있던 섬을 빠져나와 숙소에 들러 남은 짐을 정리한다. 하루 더 묵을까, 잠시 고민했지만 이 기분을 안고 그대로 집으로 향하자, 하고 생각한다.
차창을 때리는 빗방울이 두려운 한편 참 아름답다. 후두둑 떨어지는 빗소리를 음악처럼 들으며, 나는 왔던 길을 다시 되돌아가는 중이다. 이따금씩 창을 열고 손바닥에 빗물을 맞아보기도 한다. 차가웠다 이내 따뜻함으로 남는 빗방울은 여행의 길을 닮아 있다.

묵은 공기를 내보내고 새로운 공기가 필요해질 때쯤 나는 다시 한 번 짐을 꾸리고, 내 앞에 자리한 창문을 슬며시 열어보리라. 그곳에 새로운 공간이 펼쳐지고, 나는 두려움과 설렘을 안고 새로운 한 발을 내딛을 수 있으리라. 그렇게 여행은 계속되리라. 이렇게 여행하며 수많은 창문을 열고, 닫는 사이 삶은 완성되어 갈 것이다. 그러니 나는 다만, 살아 있자. 힘을 내 견뎌보자. 그 당연한 문장 하나를 가슴 깊이 돌이켜보며 나는 집에 돌아가면 가장 먼저 창을 열겠다, 생각한다. 내가 없던 그 공간에 새로운 바람을 들여놓겠다, 생각한다.

그렇게 여행에게 안녕~ 하고 돌아서는 순간, 반짝. 내 앞에 열어보지 못한 새로운 창문 하나가 생긴다, 열어봐야 할 새로운 창문 하나를 선물처럼 앞에 두고, 다시금 가슴이 두근거린다.

장연정 / 대학에서 음악을 전공했고 현재 작사가로 활동하고 있다. 문득 짐 꾸리기와 사진 찍기, 여행 정보 검색하기, 햇볕에 책 말리기를 좋아한다. 저서로 여행산문집 『소울 트립』 『슬로 트립』 『눈물 대신, 여행』이 있다.

그 소소한 일상에 지쳐 떠나왔건만,

그 소소함이 이렇게 그리워질 줄이야.

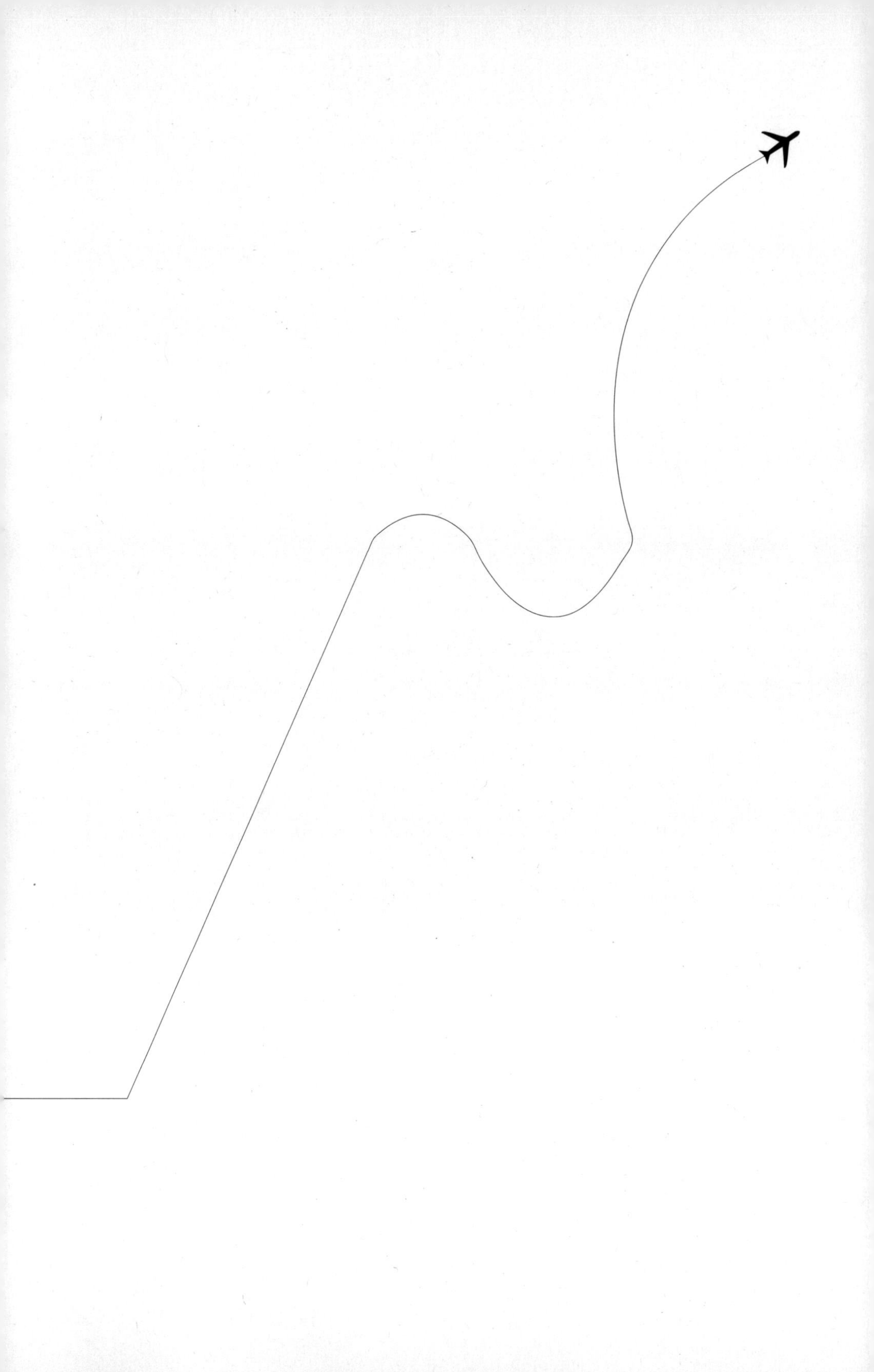

오즈, 만춘 그리고 교토

글 | 정성일

노리코는 그냥 아버지 곁에 머물고 싶어 했다. 하지만 아버지는 자기 곁에서 시집도 안 가고 점점 나이 들어가는 딸과 함께 사는 것은 그녀를 위한 선택이 아니라는 것을 알고 있었다. 물론 자기 곁에서 아내가 세상을 떠난 것은 오래전의 일이다. 전쟁이 끝나고 4년 후의 이야기이다. 아버지의 믿음직한 제자도 있었지만 그는 이미 약혼한 다른 여자가 있었다. 노리코에게 계속 새로운 혼처가 들어왔지만 그녀는 고모의 성화에 못 이겨 할 수 없이 만나면서도 별 관심이 없었다. 그러던 어느 날 노리코는 생각지도 않았던 이야기를 듣게 된다. 아버지가 다도茶道 모임에 나오는 조용하고 얌전한 과부에게 관심이 있지만 함께 사는 자기 때문에 말을 꺼내지 못하고 있다고 고모가 넋두리를 늘어놓듯이 말해준다. 노리코는 그럴 리가 없다고 생각하지만 아버지와 함께 간 노能 공연에서 우연히 마주친 과부와 서로 오가는 눈길을 바라보면서 문득 깨닫는다. 이제는 자기가 비켜주어야 하는 시간이 왔다는 것을 스스로에게 다짐한다. 노리코는 고모로부터 온 혼사 제안을 받아들인다. 그리고 아버지와 마지막으로 함께 교토에 여행을 간다. 물론 거기서 어떤 사건도 없으며 무언가 밝혀져야 할 진실 따위도 없다. 그저 시간이 지나가고 있다. 딸은 나이를 먹으면 시집을 가야 하고, 늙은 아버지는 그렇게 남겨지는 것이다. 그게 세상사를 살아가는 방법이다. 우리는 영화가 끝날 때까지 노리코가 시집가는 신랑이 누구인지 알지 못한다. 그는 단 한 번도 영화 장면에 등장한 적이 없다. 심지어 결혼식 장면을 찍지도 않았다. 노리코는 예쁘게 전통 신부복을 입은 다음 마지막으로 아버지에게 큰 절을 한다. "그동안 돌봐주셔서 감사합니다." 그것으로 끝이다. 결혼식이 끝나고 아버지는 혼자 집으로 돌아온다. 아버지의 재혼은 그저 노리코의 오해였을 뿐이다. 아버지는 집에 와서 깨닫는다. 이제는 아무도 더이상 자기를 위해서 잠을 자다 일어나면 마실 주전자를 채워놓을 사람이 없다는 것을 그리고 사과를 깎아줄 사람도 없다는 것을, 그저 깊어가는 이 밤, 이제부터는 혼자서 살아가야 한다는 사실을 알게 된다. 다시 한번 말하지만 그게 살아가는 거의 유일한 방법이다.

나는 일부러 오즈 야스지로가 1949년에 만든 〈만춘〉의 이야기를 길게 썼다. 그러니 당신께서는 혹시 이 영화를 알고 있더라도 훑어 내리듯이 그저 흘려 읽지 마시고 차를 마시듯이 천천히 음미해주었으면 고맙겠다. 마음 같아서는 두 번 읽어주었으면 고맙겠다. 나는 이 영화를 본 다음 한참을 거의 멈추었다. 단지 훌륭하다는 말로는 잘 설명되지 않았다. 물론 〈만춘〉이 내가 처음 본 오즈의 영화는 아니었다. 이미 그 이전에 모두가 이야기하는 〈동경 이야기〉를 보았고, 그런 다음 다소 두서없긴 하지만 내가 볼 수 있는 기회가 닿는 대로 보기 시작했다. 하지만 나는 여기 멈춰 섰다.

오즈는 어떤 영화는 이렇게 찍고 또다른 영화는 저렇게 만드는 사람이 아니다. 그는 영화 사상 유례가 없을 만큼 같은 방법으로 같은 이야기를 찍고 또 찍은 사람이다. 1.33 화면의 프레임. 거의 멈춰선 카메라. 정면으로 바라보는 인물들. 360도로 설정된 상상선. 이 선을 따라서 이동하는 동선. 시집가는 딸. 남은 아버지. 혹은 결혼해버린 자식들. 남겨진 노부부. 거의 동일한 배우들. 마치 바둑판 위에 올라선 돌이 고요하게 진행되고 있는 것만 같은 기호들의 규칙. 종종 정물처럼 보이는 세상. 누군가는 오즈의 영화를 본 다음 이 영화가 저 영화보다 좋다고 말하는 것은 어처구니없는 말이라고 썼다. 충분히 동의할 수 있다. 하지만 그럼에도 불구하고 〈만춘〉은 영화를 보고 난 다음 그냥 거기서 다른 어떤 것으로부터도 방해받지 않고 그걸 음미하고 싶었다. 물론 나는 이 영화를 미학적으로 설명할 수 있다. 하지만 음미하고 싶은 그것이 무엇인지는 지금도 잘 모르겠다. 어쩌면 그걸 분석하는 것 자체를 두려워하는 것인지도 모른다. 그냥 그 자체로 내게 아무것도 아닌 채로 머물러 있기를 바란다고 말하는 것이 진심일 것이다. 말하자면 빈 공간. 여백의 시간. 거기에 어떤 이유도 없이 그저 멈춰 서 있게 하는 힘. 나는 그것을 설명하는 대신 이 영화의 중간에 수수께끼처럼 자리를 차지한 노리코와 아버지의 여행을 따라가보고 싶었다. 오직 그 이유 때문에 나는 교토에 가고 싶었다.

하지만 교토에 가려는 기회가 금방 오지는 않았다. 당신은 마음만 먹으면 언제든지 충분하다고 조언하고 싶을 것이다. 나는 여행이란 시간의 인연이라고 믿는 사람이다. 그곳에 가려고 애를 쓰는 대신 그곳이 나를 부를 때를 기다리는 편을 택할 때 여행이라는 기적의 시간이 시작된다. 그냥 시간이 가고 있었다. 어쩌면 거기에 가는 것을 내가 두려워하는 것은 아닐까,라는 생각을 한 적도 있었다. 〈만춘〉을 처음 보고 난 다음 한참 뒤에, 거의 이십 년도 넘게 지난 다음에, 언제나처럼 갑자기, 교토에 갈 인연이 찾아왔다. 내가 교토에 가기 전날 한 일은 〈만춘〉을 다시 본 것이었다. 늦은 봄. 고맙게도 내가 여행을 떠난 것은 오월이었다. 이미 교토의 벚꽃은 모두 진 다음이었지만 아직 여름은 오지 않았을 것이다. 그런 다음 천천히 짐을 쌌다. 나는 거기서 그날 밤의 비밀을 느껴볼 수 있을까. 노리코의 밤. 아버지의 밤. 아니, 오즈의 밤.

나는 교토를 보기 위해서 갔다기보다 느끼기 위해서 거기에 갔다. 물론 많은 것을 보았다. 하지만 나는 거기서 두 가지만을 말할 생각이다. 그 하나는 료안지龍安寺의 정원이다. 여기는 마치 모래처럼 보이는 하얀 자갈로 된 작은 정원에 열다섯 개의 돌이 놓여 있는 것이 전부이다. 곱게 빗질이라도 한 것처럼 가지런하게 수 없는 선이 이어져 있는 자갈조각들. 그 자체로 하나의 우주처럼 보이는 마당. 매일 새로이 마당을 가지런하게 만들 때마다 새로운 선이 그어지고 그 선들 위에 돌은 언제나처럼 같은 자리에 머물러 있을 것이다. 매일매일의 새로운 선. 아니, 차라리 우주의 주름, 언제나 거기 있는 열다섯 개의 검은 점. 선은 거기서 구부러지고 이어지면서 고랑 사이에 생각을 접기라도 하는 것처럼 만들어진다. 주름과 점. 나는 여기 오기 전에 수없이 이 정원의 사진을 보았다. 그중에서 가장 인상적이었던 것은 세르지우 첼리비다케가 뮌헨 필하모니 오케스트라를 이끌고 녹음한 '단지 소문으로만 알려졌던 전설적인' 브루크너의 교향곡 녹음을 EMI가 발매하면서 12장으로 이루어진 8개의 음반 표지였다. 거의 기괴하다고 느껴질 만큼 슬로우 모션으로 진행되는 첼리비다케의 연주는 종종 템포를 놓쳤다는 비난만큼이나 명상적이라는 찬사를 받는다. 나는 이 녹음을 들으면서 서로 다른 각도에서 찍은 료안지의 정원 사진을 음미하였다. 하지만 여기에 와서 이 정원 앞에 앉았을 때 즉각적으로 내가 사진에서 보지 못한 것이 있다는 것을 깨달았다. 그건 하얀 자갈 정원 위에 떨어지는 구름과 빛의 움직임이었다. 오로지 시간 속에서만 볼 수 있는 운동. 가만히 앉아 있었다. 아주 천천히 하얀 자갈 위로 지나가는 구름의 걸음걸이. 아무것도 건드리지 않은 채 그 주름 결 사이를 사뿐사뿐 지나쳐가는 구름. 느리게 이동하는 햇빛은 계속해서 돌의 그림자를 점점 길게 늘려놓기 시작했다. 흘러가는 구름. 지나가는 빛. 그때 서로 다른 위치에 놓인 돌은 서로의 그림자를 점점 느슨하게 늦춰놓았다. 누군가는 거기서 돌

사진 / iStockphoto

이 팽창하는 것만 같은 기분을 느꼈을 것이다. 모두들 그 정원을 바라보면서 마루에 앉아 있었다. 아무것도 움직이지 않는 것만 같은 정원을 가만히 바라보면서 오랜만의 침묵을 맛보거나 혹은 귓속말을 소곤거리고 있었다. 나는 그 정원에서 오후 한나절을 보냈다. 종종 나를 건드리는 바람결. 〈만춘〉에서 아버지는 친구를 만나서 이 정원 앞에 앉아서 그저 세상 사는 이야기를 한다. 딸은 시집을 갈 것이고, 자기는 남을 것이다. 거기에는 슬픔도 없고 기쁨도 없다. 그저 세상 사는 이야기. 그저 해도 그만 안 해도 그만인 이야기를 둘이서 나눈다. 그저,라는 이 무시무시한 부사副詞. 이때 이 정원은 이상하게도 세상의 모든 존재에게 거기 있어도 그만 없어도 그만인 채로 지나가는 시간을 잠시 멈춰 서서 바라보게 만든다. 돌처럼 나는 이 세상의 시간 속에 버티어 서 있다고 생각하다가도 또 잠시 후에는 그저 저기 수없는 하얀 자갈처럼 언젠가는 시간 속에서 모래처럼 더 잘디잘게 부서진 다음 바람결에 어디론가 날아가버릴 것만 같다. 아니, 결국은 그렇게 먼지가 될 것이다. 이 정원은 무엇보다도 잔인하다. 여기에 와서 오즈는 죽어가는 시간을 찍고 있었다. 나는 거기에 뒤늦게 와서 그 흔적을 보고 있는 중이다. 오즈가 그 장면을 찍던 날도 오늘처럼 화창했을까.

며칠 후, 나는 기요미즈데라清水寺에 갔다. 운이 나쁘게도 그날은 많은 아이들이 수학여행을 온 날이었다. 사람들은 붐볐고, 날씨는 몹시 더웠다. 가본 사람들은 알겠지만 기요미즈데라는 버스에서 내려서 한참을 걸어 올라가야 한다. 입구까지도 한참이지만 그런 다음에도 또 걸어서 올라가야 한다. 오즈는 이 올라가는 길을 찍지 않았다. 그냥 기요미즈데라의 마당과 계단 그리고 절을 간단하게 찍었다. 그때 아버지와 딸은 서로 멀리 떨어져 서 있지만 종종 상대방을 유심히 보는 쇼트가 등장한다. 여기서 이상한 것은 아버지와 노리코는 기요미즈데라에 눈길조차 주지 않는다는 것이다. 그 말뜻은 그들이 여기에 이미 여러 차례 왔다는 뜻이다. 아마 그랬을 것이다. 오히려 이 장소를 쳐다보는 건 오즈의 카메라이다. 이때 오즈는 몇 차례이고 여기에 수학여행을 온 어린 여학생들에게 시선을 돌린다. 오즈가 찍은 그날도 그리고 내가 여기에 온 날도, 수학여행을 온 학생들이 떼를 지어 즐겁게 뛰어다니고 있었다. 나는 〈만춘〉을 볼 때마다 번번이 이 장면에 이르러서 이상할 정도로 구도가 기이하다는 생각을 했다. 건물은 마치 장애물처럼 다시 걸고 있었고, 사람들은 지나칠 정도로 건물에 비해서 작게 느껴졌다. 나는 기요미즈데라가 몹시 크기 때문에 사람들을 그렇게 보여줄 수밖에 없다고 멋대로 생각하고 있었다. 하지만 기요미즈데라가 크기는 하지만 그렇게 보여줄 만큼 큰 모양새를 가진 절은 아니었다. 문득 카메라가 필요 이상으로 인물로부터 멀리 떨어져서 찍고 있다는 사실을 거기에 가서야 비로소 깨달았다. 나는 사람들보다 느리게 이 절을 걸어다녔다. 아니, 좀더 정확하게는 오즈가 카메라를 세워놓은 그 자리를 찾고 있었다. 이리저리 돌아다녔다. 혹은 오르내렸다. 기요미즈데라는 내가 교토에서 다녀본 모든 절 중에서 가장 소란스러웠다. 금각사도, 은각사도 이렇게 소란스럽지는 않았다. 그리고 마침내 저 멀리서 노리코가 오가는 모습을 바라보는 아버지의 자리를 찾아냈다. 하염없이 거기서 바라보았다. 마치 저기에 노리코가 서 있기라도 한 것처럼 그렇게 바라보았다. 무언가를 느끼기에 가장 좋은 방법은 그저 무턱대고 거기 멈춰 서서 바라보는 것이다. 생각이 나를 건드릴 때까지, 그 장소의 기운이 나를 어루만질 때까지, 무언가 바람이 내게 말을 걸어올 때까지, 거기 그렇게 서 있었다. 해가 저물기 시작했고 나는 〈만춘〉의 그 장소에 와보았다는 것 말고는 아무것도 배우지 못하고 그 자리를 떠나야만 했다. 무언가 변명거리를 찾고 있었지만 그렇게 말을 만들고 싶지 않았다. 나는 그 자리를 떠나면서 자꾸만 돌아보았다. 내 시선에서 기요미즈데라가 사라질 때까지 그렇게 보고 또 보았다. 그러다가 문득 깨달았다. 오즈는 기요미즈데라 자체를 찍으러 온 것은 아닐까. 마치 오즈가 세상을 떠난 다음에도 내가 그것을 느껴보기 위해서 여기에 온 것처럼, 아버지는 자신이 세상을 떠난 다음에도 여기 이렇게 우두커니 머물러 있을 기요미즈데라의 시간을 노리코에게 남겨주기 위해서, 그래서 여기에 온 것은 아닐까. 오즈가 찍은 날처럼 내가 여기에 온 날도 세라복을 입은 여학생들이 오가고 있었다. 마치 언제나 거기 있는 것만 같은 소녀들. 거기서 나를 기다리기라도 한 것처럼 그 날도 거기에 수학여행 온 여학생들. 사라져가는 시간. 이제 곧 잃어버릴 시간. 아마도 언젠가 되찾을 시간. 하지만 그때 거기에 아버지는 없을 것이다. 그것이 〈만춘〉에서 끝내 좁혀지지 않는 거리의 비밀이었던 것은 아니었을까. 하지만 수수께끼가 풀린 것은 아니다. 기요미즈데라에서의 배움은 거기까지였다. 나는 중얼거렸다. 오즈 감독님, 금방 다시 오겠습니다. 그리고 다시 한번 여기서서 느껴보고 생각해보겠습니다. 물론 언제 여기에 다시 올지는 모르겠습니다. 하지만 아직 인연이 끝나지 않았다면 나는 여기에 다시 오게 될 것입니다. 내게서 〈만춘〉은 아직 상영이 끝나지 않았다.

정성일 / 영화감독, 영화평론가. 1959년 서울에서 태어났다. 《로드쇼》의 편집차장, 《키노》의 편집장, 《말》의 최장수 필자를 거치며 대한민국 영화 비평의 흐름을 바꾸어놓았다. 2009년 겨울 첫번째 장편영화 〈카페 느와르〉를 찍었으며, 저서로는 『언젠가 세상은 영화가 될 것이다』 『필사의 탐독』 등이 있다.

무언가를 느끼기에 가장 좋은 방법은

그저 무턱대고 거기 멈춰 서서 바라보는 것이다.

소리와 고독 사이에 흐르는 빛의 오르가즘

글 | 정혜윤

나에게는 신기한 하룻밤이 있습니다. 그 이야기의 시작은 이렇습니다. 몇 년 전 어떤 행사에 게스트로 참여한 적이 있습니다. 구속된 시인의 출판기념회 자리였습니다. 책은 나왔는데 책을 지은 사람은 없는 그런 자리였습니다. 그렇다고 그 출판기념회가 쓸쓸했거나 비통한 것은 아니었습니다. 사랑과 그리움이 넘쳐났습니다. 그날 솔직히 저는 무대에서 좀 잘했던 것 같습니다. 제가 잘했던 이유. 물론 구속된 시인을 아주 좋아했기 때문일 테고 그리고 그때 무대에 함께 섰던 해고 노동자, 그분도 좋아했기 때문입니다. 저는 좋아하는 것을 말할 때는 평소보다 아주 용감해지고 맙니다. 그날도 내가 그 시인에게 얼마나 많은 것을 배웠는지 뜨겁게 거의 눈물을 흘릴 듯이 말했습니다. 제 순서가 끝난 후 저는 곧 집으로 돌아갈 생각으로 복도에 서 있었습니다. 그런데 서 있다보니 눈길을 끌었던 것 같습니다. 누군가 저를 자꾸만 바라보는 느낌이 들었습니다. 제 느낌은 맞았습니다. 저를 바라보던 사람은 나중에 알고 보니 저의 팬이었습니다. 제가 《한겨레》에 칼럼을 쓰고 있는데 그 칼럼에 실린 아주 작은 흑백사진만으로 제 얼굴을 알아본 것입니다. 참 대단한 팬이었던 거죠. 그런데 제가 팬을 만났다고 했는데 그건 극도로 드문 일입니다.

그와 관련된 재미있는 에피소드도 하나 있습니다. 한번은 제주도에 출장을 갔는데 취재는 최악이었습니다. 실패한 취재의 넘버 쓰리를 뽑아도 일등을 차지할 만한 사건이었습니다. 저는 풀이 죽고 암담한 기분으로 바닷가에 서 있었습니다. '제주도까지 출장을 왔는데 빈손으로 돌아갈 수도 없고 장차 어떻게 회사 생활을 할 것인가?' 바다만 하염없이 바라봤습니다. 외돌개 바위가 보이고 나무로 지은 카페가 있는 곳이었습니다. 올레길을 평화롭게 걷는 사람들이 부럽기 그지없었습니다. 제 기분과 상관없이 바람만은 아주 상쾌하게 불었습니다. 그런데 멀리서 교복을 입은 한 여학생이 저를 보고 재빨리 걸어옵니다. 그런데 자세히 보니 그냥 걸어오는 것이 아니었습니다. 손으로 가슴에 하트를 그리면서 걸어오는 것입니다. 저는 당황했습니다. 여학생이 나를 보고 가슴에 하트를 그리면서 걸어오다니 그건 있을 수 없는 일이었으므로 저는 손가락으로 저를 가리키면서 "저요?"라고 물었죠. 저는 제 뒤에 누가 있는지 돌아보기까지 했습니다. 여학생은 제 옆까지 걸어와서는 숨을 헐떡거리면서 "정혜윤 PD님이시죠?"라고 묻습니다. 그때 여학생의 교복 스커트가 얼마나 황홀하게 바람에 날리던지요. 교복 광고를 해도 손색이 없을 정도였습니다. 저는 여고생의 입에서 제 이름을 듣자 소스라치게 놀랐습니다. "네. 제가 정혜윤입니다만." 저는 황급히 옷매무새를 가다듬었습니다. "저 PD님 팬이에요." 여고생은 흥분한 가슴을 진정시키려는 듯 손으로 지그시 심장을 눌렀다가 다음번에는 자기 눈을 믿지 못하겠다는 듯 그 손으로 눈을 비볐습니다. 하얗고 긴 손가락이었습니다. 여학생의 그런 모습을 보고 저는 더 경악을 금치 못했고 뻣뻣하게 굳어갔습니다.

"아니, 여고생이 이 시간에 왜 바닷가에?"

"네, 제가 이 시간에 버스타고 독서실에 가곤 하는데 오늘은 바람이 좋아서 바닷가를 걸었어요. 그런데 멀리서 PD님이 보이는 거예요. 걷다가 PD님을 만나다니요. 오늘 진짜 운이 짱 좋아요. 걷기를 너무 잘했어요."

그렇습니다. 저는 듣는 순간 여고생의 그 말이 두고두고 저의 평생 자랑거리가 될 것이란 것을 알았습니다. 나의 팬은 바람 부는 날이면 버스를 타지 않고 걷는다! 저는 자랑하는 제 모습이 눈에 보이는 듯했습니다. 그녀는 서귀포여고 3학년이었고 바로 며칠 전에도 저의 책 『런던을 속삭여줄게』를 읽었다고 합니다. 그 책을 읽으면서 여행의 모든 것을 배웠다고 저에게 속삭였습니다. "여행을 하는 이유, 여행가방 속에 넣어서 돌아와야 하는 것 다 PD님에게 배웠어요. 그런데 PD님은 어떤 장소에 가면 어떤 책이 즉각 떠오르나요? 정말 신기한 능력이에요." 저는 그녀의 말에 대답을 하나도 하지 못하고 아, 네, 저, 저기, 그러니까, 그것이, 호호, 흐흐, 그러기만 했습니다. 좀 창피한 이야기지만 그날 옆에 있던 목격자들의 증언에 따르면 시간이 흐를수록 여고생의 하트는 사라지고 저의 하트가 커졌다고 하더군요. 여고생은 하트를 그만 그리는데 저는 손으로 내 가슴에, 그녀의 가슴에, 허공에 하트를 무수히 그렸다고 하더군요. 여고생은 이제 그만 공부하러 가겠다고 하는데 저는 가지 말라고 조금만 더 같이 있어 달라 붙잡고 사인을 요구하고 전화번호를 물어봤다고 하더군요. 여고생은 '앞으로도 저를 위해서도 책을 많이 써주세요'라고 말하고 도도히 사라졌습니다. 저는 거의 노예가 된 심정으로 '네, 그러겠습니다. 맹세합니다'라고 충성 서약을 맺었죠. 그리고 바로 몇 달 뒤에 『삶을 바꾸는 책읽기』를 미친 듯이 썼을 때 그 여고생 생각을 했습니다. 시험은 잘 봤을까? 언젠가 또 만나게 될까? 이 책도 읽게 될까? 나와 만난 것을 기억할까? 그녀가 저의 첫번째 팬이었습니다. 그런데 이제 두번째 팬이 눈앞에 나타난 것입니다. 나의 첫번째 팬이 바람결에 스커트를 날리는 미녀였다면 나의 두번째 팬은 늘씬하고 다리가 긴 미남이었습니다. 그는 스커트가 아니라 긴 머리카락을 날렸습니다. 그는 언제 만나서 책 이야기를 들려달라고 했죠. 그때 뭐라고 대답했는지 기억이 나지 않지만 하여간 또 뻣뻣하게 굳어 있었을 것입니다. 그런데 신기한 것은 어디선가 우연히 마주칠 일이 자꾸만 생겼단 겁니다. 대체로 책과 관련된 행사장에서였습니다. 그리고 정말 책 이야기를 나누게 되었습니다. 그는 항상 제게 "요새 무슨 책을 읽어요?"라고 물었습니다. 저는 나중에는 아

사진 / iStockphoto

예 가방에서 책을 꺼내어서 읽어주게 되었습니다. 그렇게 우연히 만나기를 몇 차례 반복하면서 몇 년이 흘렀습니다. 한번은 그가 저에게 할 말이 있다고 하더군요. 그날 저는 필립 로스의 『나는 공산주의자와 결혼했다』를 그에게 선물하고 특히 그 책 중에서 좋아하는 부분을 읽어줬습니다. 셰익스피어의 『맥베스』를 학생들이 숨죽여 가면서 듣는 장면이었습니다. 시계는 째깍거리고 창밖에 버스가 지나가는데 학생들은 맥베스만 듣고 있는 거죠. 지면이 허락한다면 여기서도 인용하고 싶지만 일단은 참겠습니다. 그런데 가만히 듣고 있던 그가 제게 할 말이 있다고 했습니다. 저는 여우 같은 표정으로 말했지요.

"무슨 말이든 하세요."

"저는 사실……"(침묵)

"저는 사실……"(침묵)

"우리가 오래 만나게 될 것 같아서 말을 해야만 할 것 같아서……"(침묵)

"저는 사실 장애인입니다."

저는 너무나 놀랐습니다. 그는 허우대가 멀쩡한 아니 멀쩡한 정도가 아니라 정말로 순정만화 속 주인공처럼 아름다운 남자였거든요.

"저는 사실 장애인입니다. 다리 한쪽이 없어요."

저는 믿을 수가 없었습니다. 저는 저도 모르게 손을 뻗어서 그의 다리를 만졌습니다. 정말로 딱딱했습니다. 의족이었던 것입니다.

"스무살 무렵에 사고로 다리를 잃었어요. 그때부터 의족을 써요. 그 사고가 일어났던 그 동네에 계속 살고 있지요. 사고가 일어났던 곳을 아주 자주 보면서요."

저는 왜 한 번도 알아보지 못했을까 이상하기만 했습니다.

"혜윤씨가 언젠가 제게 그런 이야기를 들려줬어요. 발터 베냐민이란 학자가 모스크바에 갔을 때 길이 너무 미끄러워서 넘어지지 않으려면 걷는 법부터 새로 배워야만 했다고요. 혜윤씨는 그렇게 살고 싶다고 했죠? 걷는 법부터 새로 배우듯이 완전히 고쳐가면서요. 제가 사고 후에 걷는 법을 배울 때 그랬어요. 오른발 왼발 쓰는 법부터 갓난쟁이처럼 다시 배웠어요. 저에게 걸음마를 가르쳐준 의사는 양팔이 없었어요. 전쟁 때 잃었대요. 그래서 저는 의사를 신뢰할 수 있었어요. 양팔이 없이도 사는 걸 보면서 나도 외다리로 살 수 있겠구나. 그 의사 덕분에 전쟁과 평화에도 관심이 생겼어요. 저는 이제 꽤 잘 걸어요. 아주 유심히 저를 관찰하지 않는다면 제 걸음걸이가 어딘가 이상하다는 것을 잘 알아보진 못할 정도로 잘 걸어요. 축구도 할 수 있어요. 그래도 자세히 보면 알 수는 있지요. 혜윤씨랑 어딘가 있을 때는 제가 좀더 신경 쓰기도 했어요. 화장실 가는 제 걸음걸이가 보이지 않는 자리에 앉으려고 했지요. 뭐 그런 것들."

그가 이야기를 하는 동안 우리가 함께했던 시간들이 스쳐갔습니다. 저는 그보다 항상 늦게 도착했고 그때마다 그는 어딘가에 앉아 있었습니다. 저는 항상 그를 등뒤에 두고 그보다 먼저 떠났습니다. 제가 떠날 때 그는 항상 제 등뒤에 있었습니다. 그는 제가 탄 택시가 멀리 사라질 때까지 항상 지켜보곤 했습니다. 우리가 함께 갔던 식당들의 화장실, 식탁의 좌석 배치, 조용히 자리를 권

하던 그의 모습, 그런 것들이 눈앞에 확 떠올라 일순 가슴이 저려왔습니다. 하지만 저는 곧 머리를 흔들면서 이렇게 말했습니다.

> "글렌 굴드Glenn Gould라는 피아니스트 알아요? 엄청난 괴짜인 건반 위의 마술사 천재 피아니스트로 알려져 있죠. 연주할 때는 꼭 자기가 앉는 의자를 따로 들고 다닌다고 하죠. 그가 바흐의 〈골드베르크 변주곡〉을 연주하는 모습은 마법이라고들 하죠. 저도 그 음반을 가지고 있어서 자주 들어요. 토마스 베른하르트의 『몰락하는 자』라는 소설은 굴드를 주인공으로 삼아요. 친구들이 나중에 굴드에 대해 말할 때 이런 표현을 해요. 굴드는 피아노 연주를 엄청난 것으로 만들어놓았다. 우리는 굴드처럼 피아노 연주를 그렇게 엄청난 것으로 만들지 못했다. 굴드는 굴드를 굴드로 만들어놓았다. 당신은 걷는 것을 엄청난 것으로 만들어놓았어요. 당신은 사는 것을 엄청난 것으로 만들어놓았어요. 당신은 그렇게 당신 자신을 당신 자신으로 만들어놓아요."

그러고 나서 우리는 다른 때와 똑같이 책 이야기 속으로 빠져들었습니다. 그리고 그날 우리는 여행 이야기도 했습니다. 그는 여행

사진 / iStockphoto

사진 / iStockphoto

사진 / iStockphoto

을 좋아했지만 가본 곳은 많지 않았습니다. 그는 언젠가 한 번은 오로라 여행을 가고 싶다고 했습니다. 침대 발치에 오로라 여행을 갈 것이라고 메모를 붙여놓았다고 나에게 말했습니다. 나 역시 오로라 여행이 꿈이었습니다.

"내 선배 천문학자가 오로라 여행 이야기 중에 기억에 남는 게 있어요. 캐나다 옐로나이프에서 한국인 할아버지가 오로라를 보게 된 거예요. 그런데 이 할아버지가 갑자기 오로라를 보더니 하늘을 향해 소리를 지르기 시작하더래요. 하늘을 향해 〈쇼생크 탈출〉에서처럼 손을 뻗고 무릎을 꿇고 앉아서 굵은 눈물을 흘리면서. 그 천문학자의 말이 오로라는 하늘의, 빛의 오르가즘이라고 하더군요. 그 할아버지도 오르가즘을 느꼈을 거라고. 가슴이 터질 듯하고 속에서 뜨거운 것이 솟구치고 폭발할 듯하고. 그런데 난 오늘 좀더 상상력을 발휘해보고 싶어요. 아까 굴렌 굴드 이야기를 했지요. 굴드는 결코 피아니스트란 말을 쓰지 않았어요. 그냥 피아노 연주자라고만 했어요. 그 이유가 뭘 것 같아요? 그는 피아니스트가 아니라 피아노가 되고 싶어 했던 거예요. 작곡가와 피아노 사이에서 왔다갔다하다 마모되기 싫었던 거예요. 인간이 피아노가 되다니 이루어질 수 없는 꿈이죠. 그런데 말이죠. 저도 살면서 가끔 느끼긴 한단 말이죠. 내가 내가 아니라 좀더 큰 어떤 것, 내가 어찌할 수 없지만 나에게 엄청난 영향력을 행사하는 어떤 것에 닿았단 느낌 말이에요. 그냥 그게 되어버리는 것 같이 느껴질 때가 있어요. 표현할 수가 없는 느낌이죠. 물론 곧 떨어져 나오지만 말이죠. 저는 그날 할아버지가 그랬던 것 아닌가 싶어요. 그날 할아버지는 잠시 자신이 아니었을 거예요. 우리 언젠가 꼭 오로라를 봐요. 보라색 초록색 요정들의 장난질을 봐요. 우리는 나 자신과 우리가 사랑하는, 사랑하면서도 지배당하는 어떤 것 사이를 왔다갔다하면서 살게 되겠지만 그래도 한번 사랑하는 것 자체가 되어봐요. 나는 오늘 당신 다리가 되는 상상을 한번 해볼까요? 아, 그러고 보니 굴드도 캐나다 북부 여행을 했어요. 그는 얼음으로 덮인 땅을 여행하면서 고독을 직접 경험해보길 원했어요."

그런데 그날 밤 집에 돌아와서 마술적인 꿈을 꾸었습니다. 차이코프스키의 〈호두까기 인형〉 음악 전곡이 흐르는 가운데 꿈속에서 그와 나는 춤을 추었습니다. 그는 힘차게 춤을 추었고 나는 그

사진 / iStockphoto

를 따라 빙빙 돌기만 했습니다. 그가 나보다 잘 추었습니다. 꿈속에서 나는 그에게 수도 없이 많은 이야기를 했습니다. 내가 아는 모든 사랑스런 사람들의 이야기를 꿈속에서 그의 귀에 쉴 새 없이 들려줬습니다. 그렇게 이야기를 하는 동안에 오로라의 찬란한 빛들이 따라다녔습니다. 내가 뱉은 말은 하늘에서 빛으로 된 소리들이었습니다. 물론 꿈에서 깼을 때 나는 그 이야기들을 하나도 기억해낼 수가 없었습니다. 아쉬웠습니다. 무척 아쉬웠습니다. 나는 아는 정신과 의사에게 전화를 걸었습니다.

"제가 꿈속에서 엄청나게 아름다운 이야기들을 수도 없이 했거든요. 그걸 기억해낼 수 있게 도와주세요. 꼭 기억하고 싶어요."

"음…… 최면 요법을 원하는 건가요. 하지만 잘 알다시피 최면 요법은 워낙 사기꾼이 많아요. 어쨌든 정PD는 '인셉션'을 원하는 셈이지만 불가능해요."

그래서 나는 오로라 사진들을 보면서 내 스스로 진지하게 최면을 걸었습니다. "깨어나라. 깨어나라. 기억해라. 기억해라." 물론 아무것도 기억나지 않았습니다. 할 수 없이 올 겨울에 오로라를 보러 갈 수밖에 없단 생각이 들었습니다. 온갖 소리와 고독 사이에 흐르던 빛의 오르가즘을 찾아서. 그렇게 되면 내 가슴속에 살고 있는 아름다운 이야기들이 밖으로 튀어나오려고 미쳐 날뛸 것 같습니다.

정혜윤 / CBS 라디오 프로듀서. 〈김어준의 저공비행〉 〈공지영의 아주 특별한 인터뷰〉 〈행복한 책읽기〉 등 다양한 시사교양 프로그램을 기획 · 제작하였다. 『그들은 한 권의 책에서 시작되었다』 『침대와 책』 『런던을 속삭여줄게』 등의 책을 썼으며, 방대한 독서량과 감각적인 글쓰기로 독서 에세이의 새로운 장을 열어 많은 독자들에게 사랑받고 있다.

당신은 걷는 것을 엄청난 것으로 만들어놓았어요.

•

당신은 사는 것을 엄청난 것으로 만들어놓았어요.

떠나간 고양이들의 방

글, 사진 | 최상희

테이블 위에는 쥴리앙이 남겨둔 쪽지가 한 장 놓여 있었다.
세탁기와 가스레인지 사용법부터 냉장고 안에 있는 건(먹을 만한 걸 발견한다면) 뭐든지 드세요,를 포함해 주변의 괜찮은 식당 목록까지 적힌, 이른바 '집 사용 설명서'였다. 니스에서 방을 하나 빌렸다. 정확히 말하자면 파란 타일로 장식된 주방과 채광 좋은 발코니로 통하는 너른 거실과 욕실이 딸린 방 두 개가 있는 아파트다.
냉장고는 물론 선반 하나하나까지 다 열어본다. 열어보지 말라는 말은 설명서 어디에도 없었다. 그릇장 서랍에서 광택을 잃긴 했지만 여전히 우아한 은제 커트러리를 찾아내고 감탄한다. 재킷보다는 카디건과 스웨터가 많은 옷장 사이에서 프린트가 휘황한 티셔츠를 몇 장 발견한다. 북극곰부터 디자인과 인디밴드, 여체에 이르기까지 관심의 영역이 방대한 것을 테이블 위에 놓인 잡지와 책꽂이에서 짐작한다. 문득 정신 차리고 보니 상당한 시간이 흘렀다. 갑자기 내가 도둑고양이가 된 기분이 든다.
이렇게 남의 집을 헤집어 보아도 되는 걸까? 생각해보니 내가 사는 집조차 그렇게 구석구석 살핀 적이 없었다. 그 증거로 십여 년 살던 집에서 몇 달 전 이사할 때 그토록 찾던 다이아몬드 목걸이와 금송아지는 역시 처음부터 없었다는 것을 알아채야만 했다. 역시 부끄러운 짓을 했다는 생각이 든다. 잠시 발코니에 나가 반성의 시간을 가졌다. 지중해에서 코트다쥐르 해변까지 단숨에 불어온 바람이 머리카락을 흩날렸다. 청량한 햇살이 인색하지 않게 발코니를 떠돈다. 눈부신 태양과 바람을 포함한 모든 것을 허락했지만 쥴리앙은 방 하나는 절대 열어보지 말라고 했다. 나는 갑자기 푸른 수염의 아내가 된 기분이 든다.

*

햇살이 남아 있을 때 잠시나마 바다 구경을 하기로 마음먹었다. 명색이 세계 최고의 휴양지에 왔으니 말이다. 니스는 두번째였다. 처음은 십여 년 전, 겨울 한가운데였고 이번에는 그보다는 좀 낫지만 역시 성수기와는 동떨어진 때였다. 그래도 해변에는 토플리스 차림의 여자들이 간간이 누워 있긴 했다. 하지만 풍만한 가슴으로도 쓸쓸함을 감출 수는 없었다.
생각해보면 내 여행은 거의 언제나 인적이 드물었다. 인적이 드문 곳을 고른 게 아니라 그런 때를 골랐기 때문이다. 나는 늘 조금 서두

르거나 늦게 닿곤 했다. 출근하지 않는 나는 사람 없는 오후의 공원이나 카페에 앉아 있는 일이 종종 있다. 고요와 햇살, 간혹 바람만이 찾아드는 공간에 홀로 앉아 있는 것은 얼마나 호사스러운 일인지. 주말이면 그 공간은 완전히 다른 곳으로 변한다. 공간이 주는 울림은 시간에 빚져 있는지 모른다.

노을 지는 해변을 한참 거닐다 배도 고프고 춥기도 하니 이제 돌아가자고 생각한다. 쥘리앙의 메모에 적혀 있던 가게에 들러 산 피자와 냉장고에 있던 와인을 꺼내들어 저녁을 차린다. 냉장고에는 라임 한 박스, 시들기 시작한 민트 한 다발과 토마토도 들어 있다. 나는 '먹을 수 있는 건 뭐든'이라는 문구를 떠올리며 토마토를 씻어 접시에 담는다. 열어둔 발코니 창으로 오가는 자동차와 사람들 소리, 이웃집에서 풍겨오는 향신료 냄새와 사위어 가는 햇살이 스며든다. 피자를 씹으며 나는 생각한다. 쥘리앙은 어디로 간 걸까?

인터넷 숙소 사이트에서 아파트를 예약했을 때, 나는 이 집이 렌트할 목적으로 꾸며진 곳인 줄 알았다. 니스에는 자기가 사는 집 외에 따로 집을 두고 장단기로 렌트해주는 사람들이 많았다. 하지만 읽다 엎어둔 책과 금방 벗어놓은 듯한 옷, 지난 주말 작은 홈 파티가 열렸던 흔적인 라임과 민트가 고스란히 남아 있는 이곳은 일상을 사는

CASTEL
CASTEL

사람의 집이다. 저녁을 먹고 에스프레소 머신으로 진한 커피까지 한 잔 만들어 마신 뒤 나는 생각했다.

자, 이젠 뭐가 남았지?

인간은 호기심의 동물이다. 이성이나 도덕은 본능을 앞서는 경우가 드물다. 참을 만큼 참았다. 나는 열지 말라고 했던 방의 손잡이를 돌려본다. 인간이 호기심의 동물인 것을 쥘리앙도 물론 알고 있었다. 방문은 잠겨 있다. 푸른 수염의 아내는 어떻게 했었나? 나는 잠긴 방문 앞에서 안달이 난다. 욕심 사납게 방문을 힘껏 밀어본다. 문은 열리지 않는다. 그 순간 등뒤에서 뭔가 움직인다. 소스라치게 놀랐다가 벽에 비친 내 그림자라는 걸 깨닫는다. 달이 밝았다.

*

호기심이라면 나는 수염 잘린 고양이만큼도 가지고 있지 않다. 호기심은 어린 아이들, 말하자면 정신적으로나 육체적으로나 힘이 넘치고 사회적인 제재에서 비교적 자유로울 때에나 가질 수 있는 것이라고 생각한다. 호기심을 가지기에는 나는 너무 나이가 들었고, 힘도

부치고, 무엇보다 귀찮다. 특히 타인에 대한 호기심은 받는 것도, 갖는 것도 별로 탐탁지 않다. 내가 쥘리앙의 집을 뒤진 것은 호기심이라기보다는 좀처럼 주어지지 않는 기회(누가 자신의 집을 주머니 뒤집듯 탈탈 털어보라고 허락하겠는가?)가 온 것에 흥분했던 탓이다.

하지만 내가 호기심에서 완전히 자유롭다고 말할 수 있을까? 어느 날 문득 발견한 한 장의 사진 때문에 우유니의 소금 사막을 보기 위해 장장 스무 시간 넘게 비행기를 타고(더구나 직항이 없어서 중간에 갈아타야만 했다) 또 한나절 버스를 타고 그러고도 지프차에 실려 사흘 동안을 달리는 수고를 감내한 것은 보고 싶다는 욕망, 미지의 세계에 대한 호기심 아니었던가. 하지만 소금 사막을 보고 싶었던 것은 그곳이 이름난 곳이거나 근사한 풍경을 지녔기 때문이 아니었다. 메마른 황토 빛 초원 끝에 난데없이 생겨났고(생성 이유는 분분하다), 조만간 사라질 곳이라는 점이 매혹적이었다. 알 수 없는 '뭔가'에 나는 끌리곤 한다.

그 '뭔가'는 애매한 단어만큼이나 모호하다. 거의 모든 사물과 사람이 '뭔가'를 가지고 있지만 그것은 스스로 내보이는 것이 아니라 대개는 타인에 의해 발견된다. 예를 들면 아메바에 관해서도 '뭔가' 있다고 생각하는 사람이 반드시 있을 거라는 얘기다. 그 '뭔가'를 지속

6,60

적으로 발견하고 그것에 반복적으로 끌리는 행위를, 조금 덜 애매모호한 단어로 이야기하자면 '취향'이라 할 수 있을 것이다.

파리에 동생과 함께 여행한 적이 있다. 하루는 동생을 잃어버렸다. 내가 어느 쇼윈도 앞에서 넋을 잃고 카메라를 들이대고 있는 사이 동생이 사라져버린 것이다. 길모퉁이를 도는 것을 보았으니 따라가면 될 것이었다. 하지만 동생은 어디에도 보이지 않았다. 내 휴대폰은 로밍도 해가지 않았으니 무용지물이었다. 그때만 해도 여유가 있었다. 뤽상부르 공원으로 가는 길이었으니 어차피 만나게 돼 있다. 나는 그렇게 생각하며 한가롭게 구석구석 근사한 파리의 골목길을 거닐기 시작했다.

하지만 동생을 다시 만난 것은 해가 진 뒤, 호텔방 안에서였다. 헤어진 지 여섯 시간 만이었다. 그 시간 동안 내가 한 일은 뤽상부르 공원을 구석구석 샅샅이 훑으며 다섯 바퀴 돌기, 뤽상부르 공원에서 오페라가르니에 거리에 있는 숙소까지 두 번 오가기, 호텔방에서 내가 아는 모든 수단을 동원해 동생의 휴대폰으로 전화 걸기(실패로 돌아갔다) 등등이었다. 동생은 줄곧 공원 안과 그 근처를 헤맸다고 했다. 불과 몇 킬로미터 안에서 길이 어긋나다니 귀신이 곡할 노릇이었다. 하지만 동생이 혼자 헤매며 카메라에 담아온 사진들에는 더욱 놀랐다. 그건 여섯 시간 동안 내가 찍은 사진과는 전혀 달랐다.
디저트와 케이크숍(애타는 마음을 달래기 위해 마카롱도 몇 개 사 먹은 눈치였다), 사랑스러운 옷 가게, 유니크한 인테리어숍, 공원 잔디밭에서 뛰노는 아이들과 예쁜 크레이프 가게에서 일하는 귀여운 아가씨(갈수록 애타는 마음을 달래기 위해 크레이프도 사 먹은 눈치였다), 그런 것들이 동생이 찍은 사진이었다. 그에 비해 센 강변에 늘어선 가판대에 널린 책과 포스터, 허름한 고서점, 단정한 분위기의 문구점, 공원 호수를 둘러싸고 의자에 앉아 있는 사람들과 벤치에서 샌드위치를 나눠먹고 있는 노인들(묘하게 샌드위치에만 초점이 맞아 있었다), 그것이 내가 찍은 것들이었다. 셔터를 눌러야겠다는 충동을 일으키는 것이 전혀 달랐고, 그것은 말하자면 취향의 차이였다.
여행을 다녀오면 대단한 이야깃거리나 경험을 가지게 되는 것으로 기대하는 사람들이 있다. 하지만 마르코 폴로의 시대 때나 가능한 이야기고 지금은 인터넷 사이트만 잠시 들여다봐도 우유니 사막을 직접 다녀온 사람보다 더 생생하게 사막에 대해 이야기할 수 있다. 내게 여행이 어땠느냐고 묻는다면 담장 위에 내려쬐는 햇살이 예뻤다거나 그때 부는 바람이 나붓했다거나 돌아오는 길에 무지개를 봤다거나 하는 기억을 수줍게 말할 수 있을 뿐이다.

ville de
NICE
VILLE DE NICE
SERVICE DES
MARCHÉS

내 눈에 띈 '뭔가'는 다른 사람에게는 대단치 않을 수도 있다. 이끌리는 '뭔가'는 사람마다 다른 것이다. 그래서 세상에 존재하는 사람의 수만큼의 공간이 존재하게 된다. 뭔지 모르지만 그 '뭔지 모르는' 것이 내 눈에 문득 띄어, 내 안으로 슬며시 들어와, 부드러운 눈처럼 조용히 쌓인다. 이따금 눈 위를 처음 거니는 호기심 많은 고양이처럼 발자국이 사뿐사뿐 나기도 해서 나는 그것을 홀린 눈으로 들여다본다. 대개는 작거나 오래된 것, 구석과 그늘인 경우가 많다. 아마도 내 취향은 음침한 것인가보다.

*

나는 쥴리앙의 침대에서 눈을 뜨고 쥴리앙의 푸른 부엌으로 들어가 쥴리앙의 에스프레소 머신으로 진한 커피 한 잔을 내려 마시고 쥴리앙의 욕실을 쓰고 쥴리앙의 문을 닫고 조용히 집을 빠져 나온다. 쥴리앙의 일상을 여행자인 내가 살고 있다. 내 옷에서 쥴리앙의 침대 시트에서 나던 냄새가 난다. 쥴리앙이 사둔 세제와 유연제를 썼기 때문이다. 일상과 여행이 뒤섞인 오묘한 냄새다. 쥴리앙은 어디로 갔을까? 아직도 나는 잠긴 방 앞을 지날 때면 나도 모르게 숨을 죽이고 문 너머에 귀를 기울이곤 한다.

니스에 머무는 동안 생활은 간소해진다. 바게트 빵과 와인 한 병 그리고 과일 몇 개. 매일 지나치는 시장과 집 앞 슈퍼에서 사는 것으로 족하다. 집을 쓸고 닦아 청결을 유지해야 할 의무도 없고(집을 손상시키지 않겠다는 최소한의 약속은 지켜야 하지만), 한꺼번에 일주일 치 장을 봐서 냉장고를 채우고 비워내야 하는 고단함도 없다. 일상의 일들은 저만치 물러나고 유예의 시간이 조용히 흐른다. 저녁은 집 근처 태국 음식점에서 사온 국수와 싸구려 와인 한 잔이다. 열어놓은 발코니 창으로 오후의 마지막 햇살이 우아하고 관능적인 검은 고양이처럼 나긋나긋하게 걸어들어와 소리도 없이 살금살금 빠져나갔다.

여행자의 밤은 오롯이 휴식을 위해 낭비한다. 집에서 고심 끝에 골라간 책을 침대 위에서 읽거나 멍하니 이국의 언어가 흘러나오는 텔레비전 화면을 쳐다보거나 혹은 소까, 돼지 귀, 잘생긴 점원, 레이스 손수건, 아티초크 등등, 나만 알 수 있는 암호로 그날 하루를 끼적거리는 일. 낭비가 이처럼 건전한 행위가 될 수 있다니. 매일 아침 시트를 갈아주고 방청소를 해주는 이도 없지만 외출하고 돌아오면 테이블 위에 올려놓았던 내 브러시는 같은 장소에 놓여 있고 벗어놓은

rais sucré

옷가지는 누구의 눈도 의식하는 일 없이 속 편하게 널브러져 있다. 조금은 나의 방, 우리 집 같은 기분이 든다. 해가 지고 어두워지면 돌아가고 싶다는 생각이 들고, 그래서 안도감이 든다면 집이라고 불러도 무방할 것이다. 굳이 명명하자면 '여행자의 집'이다.
나는 침대에 누워 이 방을 거쳐 갔을 수많은 여행자들을 떠올린다. 그들 역시 쥴리앙의 쪽지를 봤을 것이고 쥴리앙의 냉장고와 서랍 안을 들여다봤을 것이다. 잠긴 문손잡이를 돌려봤을 것도 당연하다. 금지된 것을 들여다보고 싶은 충동에 대해 조금은 죄의식을 가지기도 했을까? 잠긴 방에는 무엇이 들어 있는가 하는 수없는 상상이 이 침대에서 뒤척였을 것이다. 치울 엄두가 나지 않는 잡동사니? 아무에게도 들키고 싶지 않은 기이한 취미? 혼자만 간직하고 싶은 추억? 양을 세는 대신 나는 잠긴 방안에 있을 만한 목록들을 헤아려보다 잠이 든다. 소중한 것이든, 혐오스러운 것이든 쥴리앙은 '비밀'이란 능금 하나를 이 집에 던져두고 떠났다. 비밀은 신선하다. 뭔지 모르는 '뭔가'이기 때문이다. 분명한 것 하나는, 내가 니스를 떠올릴 때 제일 먼저 생각나는 것이 쥴리앙의 잠긴 방일 거라는 거다.

*

쥴리앙의 집을 떠난 뒤, 나는 핀 하나를 잃어버린 것을 알았다. 앞머리를 고정시키는 데 쓰는 작은 핀이다. 아마도 쥴리앙의 집 어딘가에 흘린 모양이었다. 내가 그 핀을 다시 찾을 수 있을까? 있어도 그만, 없어도 그만인 핀이다. 확실한 건 내가 그곳에 무언가를 남기고 왔다는 것이다. 아마도 기억하지 못하는 것들 역시 쥴리앙의 집에 남아 있을 것이다. 내 옷에서 떨어져 나간 실오라기나 내 머리카락, 테이블에 흘렸던 배와 오렌지의 즙, 침대 위에 떨어뜨린 과자 부스러기. 혹은 내가 쓰는 화장품과 향수 냄새, 시장에서 사서 밤마다 피워두곤 했던 양초의 바닐라 향. 그런 것들이 떠나간 고양이의 흔적처럼 그늘의 방향으로 남는다. 하지만 고양이는 머물렀던 공간을 잊지 않는 법이다.

최상희 / 소설가, 여행작가. 소설 『그냥, 컬링』으로 '비룡소 블루픽션 상'을 탔다. 『명탐정의 아들』 『옥탑방 슈퍼스타』 등의 소설과 여행서 『제주도 비밀코스 여행』 『강원도 비밀코스 여행』 『사계절, 전라도』를 썼다.

뭔지 모르지만 그 '뭔지 모르는' 것이 내 눈에 문득 띄어,

내 안으로 슬며시 들어와, 부드러운 눈처럼 조용히 쌓인다.

epliogue

길은 여러 갈래나 되지만 만났다가 헤어지고 헤어졌다가 만나니

어느 것이 본래의 길인지도 알 수 없다.

어느 것이나 길인 대신 어느 것이나 길이 아니다.

– 나쓰메 소세키 『풀베개』 중에서

사진 / 윤동희

북노마드